JN001301

はぐれイワシの打ち明け話

海の生き物たちのディープでクリエイティブな生態

Éloquence de la sardine

Incroyables histoires du monde sous-marin

Bill François

ビル・フランソワ　河合隼雄・訳

光文社

はぐれイワシの打ち明け話

海の生き物たちのディープでクリエイティブな生態

Éloquence de la sardine
by
Bill François

© Librairie Arthème Fayard, 2019.
Japanese translation rights arranged with
Librairie Arthème Fayard
through Japan UNI Agency, Inc., Tokyo

言葉で世界を組み立てる幸せを教えてくれた母へ
人里離れた川の流れに宿る詩情を
目に焼きつけてくれたミッキー・テイラーへ
地中海の魚たち、それ以外の魚たち、魚を愛する人たちへ
そして魚たちの物語を語り継いでくれるあなたへ

contents

プロローグ　7

1 魚はみんなしゃべっている　17

2 音が絶えない世界　31

3 イワシのように詰められる　47

4 小さい魚もやがて大きくなる　65

5 貝と甲殻類　85

6 今日のおすすめ　111

7 魚の絵を描いてみよう　129

8 道路の下のウナギ 143

9 シー・サーペント 163

10 海は鏡 183

11 海との会話 201

12 よいマグロを見つける 221

13 終わりは……魚のしっぽのようにすっきりと 239

エピローグ 249

訳者あとがき 254

プロローグ

岩場はとても険しく、よじ登るときに滑らないように、僕はビーチサンダルを脱がなければならなかった。たしかに、サンダルを脱ぐほうがずっと気持ちがいい。それまでは、半透明のプラスチックのストラップのついた「メデュース」のサンダルと、その錆びついた留め金のせいで、同じ名前の生き物、クラゲに刺されたときより足が痛くなっていた。[*1]それに、サンダルを履いて水のなかを歩くと、進むのが遅くなる。怪我をして、ディズニーのキャラクターが描かれた防水絆創膏をくるぶしに貼ってバカンスの残りを過ごすことになったとしても、岩場の険しい道は裸足で歩いているほうがましだ。

まずは、岩の上にたどりつかなければならなかった。大人が本を読んで寝転がれる砂浜は、この岬までで終わる。その向こう側には歩きづらそうな険しい海岸が広がっていて、情け容赦のない「夏休みの宿題」を課されたかのようだった。頂上に登ると、岩に仕切られて水たまりと水路ができている小さな入り江全体が見える。水が入り江に入ってきては出ていく。波に合わせてゆるやかに呼吸するように、水の動きが繰り返されている。そして、入り江が水を吸いこむたびになめらかな水を透かして、隠されていたものを見ることができた。水中の生き物を観察するには最高の瞬間だ。僕は生き物を探すのも、生き物を見つけるために波を待つのも、タモ網で生き物を捕まえるのも大好きだ。何もかもを魅力的に感じる。緑色の藻をウィッグにしているカニ、半透明の小エビ、泡を吹くヨーロッパタマキビに、刺されると大変だから触らないようにとおじいちゃんとおばあちゃんが言っていた真っ赤なイソギンチャク。でも、僕が会いたくなかった生き物がいる。魚だ。岩場から遠い、足がつかないほど深い水のなかに住んでいる魚にだけは会いたくなかった。僕は魚が怖かった。親はときどき市場で魚を買ってきたが、魚の大きな丸い目が恐ろしかったし、頭の後ろの二本の切り込みは首を切り落とされた動物を思わせた。魚を怖がっていた僕には、水たまりと岩でできた世界の向こう側を冒険しようなんて勇気はなかった。はるか彼方まで無限に広がっているように見える青い水には、深い恐怖が呼び覚まされる。

　入り江に水が吸いこまれるのを岩の上から見ていると、波間で何かが輝いていた。そのきらめく何かが磁石のように僕の視線を引きつけた。小さな財宝か、真珠貝のかけらか、あるいは誰かの忘れ物だろうか。見てみなければ。切り立った岩のあいだを千鳥足で歩き、輝く光に近づいていく。こうして、僕はイワシに出会った。

＊1　メデュース（méduse）はフランス語でクラゲの意。

当時の僕は知らなかった。出会ったのがイワシだったことも、海岸近くでイワシを見かけるのがどれほどめずらしいことかも。普通、イワシは沖に生息している。僕が見かけたイワシは、迷いこんだのか、マグロに追いかけられたのか、とにかく何らかの理由で海岸近くまで来てしまったのだろう。とはいえ、そのころにはもう地中海のマグロの数は少なくなっていたから、マグロに追われること自体もめずらしいことだった。ところで、生きているイワシを見たことがあるだろうか？　生きているイワシがどれほど美しいか、知っている人は少ない。全身が銀色に輝き、稲妻と同じ色の青い線は黒い背中に沿ってつけられたアクセサリーのようだ。脇腹には金色の太い線が光っている。イワシはまばゆく輝いている一方で、壊れやすく、店頭でどんなに魅力的に思えても、うかつに触ってはいけないブリキのおもちゃのコレクションのようだった。波に振り回されながら横向きにさまようイワシの様子を見ながら、僕は、このイワシは体調があまりよくないのだと思っていた。イワシのほうは僕の存在などまったく気にしていない様子だった。僕が水中を歩くときに立つ波ひとつで一目散に逃げ出す小さなカニとはまるで違う。

　僕はイワシをそっと網でとらえた。そして、プラスチックでできたバケツのなかを泳ぎ回るこの驚くべき海の贈り物を信じられない思いでじっと眺めた。イワシはその白と黒の目を僕に向けた。何か言いたいことがありそうだ。イワシはその沈黙のなかに、人間の足がつかない青い世界の生活や、奇妙な日常についての秘密を隠しもっていて、僕に打ち明けたがっている。そんな気がした。イワシの存在に、イワシが周囲の世界を知覚するそのやり方に、好奇心をかきたてられた。どんな景色のなかで、どんな生き物たちと泳いでいるのだろう？　イワシが他のイワシに話しかけることはあるのだろうか？　突然、僕は深い海のなかが怖くなくなった。むしろ、言葉では表現できないイワシの秘密に魅了されていた。

　僕は、こうしたイワシとの出会い以後ずっと、海の神秘に対する情熱をもちつづけることになるとは思ってもいなかった。そして、その出会いが僕を、より遠くの沖合にまで連れて行き、魅力的な住人たちがいっさい黙ることなくそれぞれの物語を語ってくれる海中の世界の発見へと導いてくれることになろうとは。

　この生き物たちは、どうやってコミュニケーションをとっているのだろうか？　どんな風に世界を感じているのだろうか？　この生き物たちの生活や感情は、僕たち人間と同じなのだろうか？　こうした謎を解きたいという欲望に駆り立てられて、僕は科学者になった。流体力学とバイオメカニクスといった分野を研究することによって、海中の世界について新しい見方ができるようになった。そして、既存の問いに対する素晴らしい答えが得られただけでなく、さらに新しい疑問も生まれた。

　それ以来、僕はこの魅力的な生き物たちを観察するために、昼夜を問わずに泳ぎ、船に乗り、海に潜った。昔は魚が怖くて、メデュースのサンダルを履いた足が底につかないような沖への冒険に乗り出そうとはしなかった。当時の僕は、いずれ自分が魚の研究を仕事にし、自由時間までをも魚に出会うための冒険に費やすようになるとは思ってもみなかった。クジラの歌を聴き、地中海のマッコウクジラを訪ね、アホウドリを数え、マンタと遊ぶようになるなんてまったく考えていなかった。ましてや、自分の家のすぐそば、都会の真っただなかで、並外れた個性をもつ魚たちを見つけることになるとは。

水の流れに導かれるようにして、自分の運命を海にかけている人々と知り合った。海の秘密を解明する科学者、海と調和して生きる漁師、海を保護するために活動するボランティア……、そういった人たちだ。僕は、水中の世界をもっと深く知り、その世界を保護し、あるいは単純にそうした生態系のなかに自分の居場所を見つけ出し、海と調和を保ちつつ対話する方法を学ぶため、彼らのプロジェクトに参加した。そして、たくさんのことを教わった。イルカの信号の読み解き方、マグロ漁のしかた、アザラシへの近づき方……。さらに他の物語も発見した。人々によって文字にされ、あるいは語られ、科学や伝説の魔力によって光を当てられ、革新的な発見や口承されてきた詩によっていろどられた物語だ。

それらの物語は、いったい僕に何を教えてくれたのだろう?

水中の世界は、心を奪われるような美しさを垣間見せてくれるだけではない。他の知識、とりわけ僕たち自身についての知識を与えてくれる。

僕自身についていえば、何より「どうやって話をするのか」を海の住人たちに教えてもらった。それぞれの流儀でコミュニケーションをとり、一見沈黙しているように見える海のなかで物語を紡ぎ出すそのやり方から僕は話し方を学んだ。驚くほど雄弁な生物たちが、自分たちの物語を僕に打ち明けてくれ、今度は僕がその物語を誰かに語ろうという気にさせてくれた。海の生物たちが僕に語ってくれた物語を、この本を通じてお伝えすることができるのは、まさしく彼らのおかげである。

この本は、読者のみなさんを、科学の世界と伝説の世界、つまり海洋と歴史の深海に向かってダイビングさせてくれるだろう。僕はカタクチイワシの群れによる秘密の社交界にみなさんを招待する。クジラの会話にも一緒に参加しよう。その旅の途中では、井戸のなかで百五十年間生きたウナギのエール、オーストラリア先住民と親交を結んでいたコバンザメといった、型破りな生き物たちと知り合いになれるだろう。少し足を止めて、ホタテガイの歌やタマキビによる比類なき古代のサーガに耳を傾けよう。また、サンゴの免疫やベラの性転換についての最新の知見にも触れてみよう。現実とは驚くべきものだが、そんな現実に負けないリアリティをもつ古代の海の伝説を通じて夢の世界へ行ってみよう。

この本を読んだみなさんが、僕が初めて海に潜って水面から顔を上げたときと同じように、たくさんの物語で頭がいっぱいになりながら、「今度は私が語りたい」と強く思ってくれることを願っている。そして、水族館に行ったり海岸でのバカンスを過ごしたりという経験がこれまでとは別のものになること、家にいる金魚や海の幸の料理やツナサラダのサンドウィッチをこれまでと違う角度から見られるようになってくれることを。

イワシは暴れ、赤と青のヒトデで飾られたバケツの内側に沿って飛び跳ねた。海に戻りたがっているようだった。そこで僕は、入り江の先、水面が静かでより深いところまでイワシを運んだ。バケツをひっくり返さないように気をつけながら岩の上をおそるおそる歩いて行くと、小さな砂浜に到着した。打ち寄せる波のなかへバケツの中身をあけた。

イワシはためらいがちに沖へと遠ざかりながら、僕についてくるよう合図してきた。

「一緒に行かない？」そう尋ねてから、物語を語り出したのだ。

いったいどうやってイワシが僕に語りかけたのかって？　それは秘密だ。ただし、これから書くことは全部本当だ。厳密に有効であると認められた科学的研究の成果、古代の書物からの引用、十分な数の証人が得られるだろう個人的観察や逸話、そうした僕の情報源はどれも信頼できるものであり、検証も可能だ。だが、イワシがどんな口ぶりで自分の物語を語り出したのかについては、僕の話を信じてほしいというほかない。

なにせだいぶ前のことなので、それほど詳しくは思い出せない。それに、そもそも不思議な始まり方をしない美しい物語なんてあるのだろうか？　子どものころの僕と同じように、イワシについて行ってみよう。海の世界や自分たちの世界に対する僕の見方をがらっと変えたイワシたちの物語に一緒に耳を傾けてみよう。

あの日、岸に戻ったあと、ガレージに置いた収納ケースからダイビングマスクとシュノーケルをひと晩かけて探し出した。シュノーケルをくわえたまま海水を飲んでしまったり、マスクのサイズが大きくて水が入ってきたりするのではないかと少し怖かった。ゴーグルを装着したときには僕はまだ知らなかった。すでに僕は新しい世界の入り口に立っていることを。そして、これからはもう、僕は陸地だけに生きるわけではないのだということを。

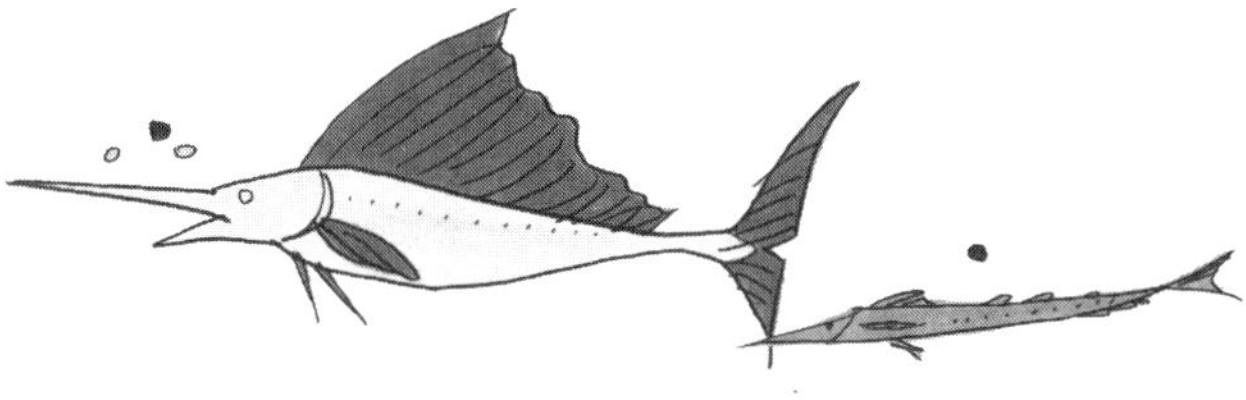

1

魚はみんなしゃべっている

魚が海のなかで何を感じているのか、
それを知るために海に潜る。

僕たちの先祖は潜水しながら
魚と会話できたのだろうかと考える。

海では色と香りが言語の代わりになっていると気づく。

無声映画のような海のなかにも
人間の目には見えない字幕があることに気づく。

1

魚はみんなしゃべっている

いちばんむずかしいのは、まず肩まで水に入ること。ふくらはぎか腰までなら陸にいるのと同じようなもので、太陽のぬくもりに包まれたままでいられる。しかし、水面が首までくると体が震えてくる。敵意すら感じる冷たさへ身を投げ出され、冷水に取り囲まれることになる。それでも水に身を委ねなければいけない。

初めて海に潜ったとき、水が冷たくて、身震いして奇妙な叫び声を漏らしてしまった。顔をダイビングマスクで覆っていたので、しゃがれたうめき声は口から出てもシュノーケルにさえぎられる。「海に潜る」という単純ながら意外性にも満ちているこの状況。驚きのあまり、思わず「冷たい」という言葉が口をついたが、その声は単なるうめき声に変わった。僕は口元にプラスチックの管をつけ、目元を安全ガラスで覆っていた。世界はガラス表面の反射に隠れ、ぼやけている。それが、突然新しくはっきりと姿を現した。ある境界を越えたとたん、それまで僕を寄せつけなかったさまざまなものが透明になり、優しく触れてくるようになった。海のなかを僕は飛んでいる。海のなかで僕は見ている。僕は呼吸している。しかし、話すことはできない。シュノーケルは、僕の声を原初的な荒々しい呼吸音に変える。シュノーケルのなかで言葉を発しても動物の鳴き声にしか聞こえない。僕は海に隠されているものを見られるようになった。海の音を耳いっぱいに聞き取れるようになり、無重力に揺られて飛び回ることができるようになった……。その代わり、言葉で何かを伝える能力は失われてしまった。まるで、それが海との暗黙の了解であるかのようだった。

それはまた、新しい世界の征服へと向かう進化と、遠い起源、すなわち人間がまだ言葉を用いていなかった原始的な状態への回帰との間にいるような、じつに奇妙な感覚だ。

水中という場所は、人間に敵対するようでもあり、同時に人間を歓迎しているようでもある。僕たちは水に入ることを怖がるが、じつはそのための準備はばっちりだ。人体は驚くほど潜水に適している。冷水が少し顔にかかるだけでも潜水反射が起き、素潜りに備えて自動的に心拍数が二十パーセントほど低下する。

人間の体は、水中生活のために必要な手段を十分に備えている。偶然の賜物というには多すぎるほどだ。このことから、人類学者たちは「われわれの先祖がサルと違うかたちで進化してヒトとなったのは、水中に入るためではないか」という仮説を立てた。

この仮説を採用しないとしたら、僕たちの体毛が薄い理由や、霊長類特有の皮下脂肪がある理由、他のどの陸上動物よりも高い比率で存在する何百万もの皮脂腺によって皮膚が油脂分で覆われている理由を、どうやって説明すればよいだろうか。僕たちとサルを区別する、一見不要にも思われる人体の不思議な特徴は、水中環境に適応するためのものにちがいない。海洋哺乳類と同じように、僕たちの肌は毛が薄くてつるつるしている。皮脂で覆われた皮膚が水をはじき、体を取り囲む脂肪が寒さから身を守る。他にも不思議な事実がある。新生児は反射によって水中で息を止めて仰向けに浮くことができる。子どものチンパンジーが沈んで溺れてしまうのとは対照的だ。二百万年前、のちにチンパンジーとなる属から分化したころ、僕たちの祖先は乾燥したサバンナで生き延びるために海辺か湿地で食料を確保する必要があった。そのため、二本足で立ち上がることによって、（四足歩行では顔を出せないところでも）より長い時間水底に足をつけて過ごしていられるようになったのだろう。また、スイレンの根や茎、貝を求めて潜ることによって呼吸が制御できるようになった。その結果、喉頭が下降して、声帯が形成された。つまり、二足歩行と言語という、僕たちの進化にとって決定的な二つの能力の基礎は潜水によって獲得されたと考えられる。

この仮説にはどのくらい信憑性《しんぴょうせい》があるだろうか？　一九六〇年代に広まったこの仮説に対しては、さまざまな疑問や反論が出された。水中のみでの生活に適応した生活様式という「失われた鎖の環《ミッシング・リンク》」*1を経由して僕たちが進化してきたのだという説は根拠を欠いた誇張にも思える。しかし近年、アフリカの化石についての研究によって、二百五十万年から百五十万年前にかけてのアフリカ南部では、水辺の環境が人類の進化に決定的な役割を果たしたことがわかってきた。乾季を生き延びるためにはオアシスで生活を営むことが必要であり、そのために水に適応することが不可欠だった。初期の人類は、この適応によって、平野を冒険すべく森の木の住居を離れることができるようになり、ついには世界の残りを征服したのだ。

僕たちは木から下りることができるようになったが、海を征服するまでにはいたっていない。水のなかのあらゆる魚が僕たちにそのことを教えてくれるだろう。僕たち人間はすべてを理解しているわけではない。見るだけでは十分ではないからだ。

初めてのダイビングのときにはもう、岩に覆われた地中海の海底で、僕は水中世界の多様性を発見して驚いていた。ベラとタイが海藻と岩の上を泳いでいる光景に魅了された。光と動きにあふれた映像が流れ、うなり声のような音がとどろき、神秘的なぱちぱちという音が耳に届く。まさしく水中ショーだ。一方で、それは字幕のない無音の映像でもあった。僕は、その映像の裏にさまざまな会話が隠されていることに気づかなかったのだ。

1

魚はみんなしゃべっている

海の「字幕」は、たとえば香りという言葉で書かれている。海中では、香りが言語になる。水のなかは、僕たちが感じ取ることのできないにおいでいっぱいだ。潜るときは、マスクで鼻を押さえるか、そうでなければ手で鼻をふさぐ。そうすると水中メガネだけをかけているときよりもだいぶ快適になる。水を飲むのは不快だし、鼻から水を飲むようなことになればいっそう気分が悪いからだ。鼻孔で海のにおいを感じとることはできない。

しかし、海流はおびただしい数のにおい分子を運んでいる。それを感知することができる魚は、香りの銀河系に住んでいるようなもの。水中の魚は、香りの微妙なニュアンスの違いや遠くのかすかなにおいを識別することができる。香りには思い出が染みこむものだ。懐かしい場所、古い本、季節や人物、そうしたものの香りがついた記憶は忘れがたい感情を呼び起こす。魚の記憶も、こうしたたくさんの嗅覚の思い出から成り立っている。

タイセイヨウサケは、グリーンランドの海から、自分が生まれたブルターニュの小川の香りを感知し、泳ぎながらそのにおいを追いかけ、再び河口にたどりつくことができる。しかしそのにおいは、何年も前の、稚魚のころの古い思い出のにおいである。夏の夜に、浮き袋を膨らませて水面に浮かび上がったときに吸いこんだものだ。におい分子の濃度に関して考えてみると、この元の小川から来たものは海の水の何滴分かにすぎず、他の川か

＊1　生物の進化・系統において、その存在が予測されるのに未発見のためにできている間隙のこと。

ら流れてきた無数の水滴も集まってできた巨大な水のかたまりによって薄められている。それでもタイセイヨウサケは、その無数の水滴のなかからもとの小川の水滴を識別して、見つけることができる。

　香りはさまざまな感情の引き金になり、魚たちの会話にも用いられている。泳いでいる一匹の魚だけしか目に見えないときでも、周囲の水は、感情を表現している目に見えない香りの渦に満たされている。これがフェロモンである。フェロモンは、魚の心の状態を表している。ストレスの香り、愛の香り、空腹の香りといった具合に……。香りはその受け手である相手を目がけて放出されるが、想定外の受け手によって傍受されることもめずらしくない。たとえば、小魚の恐怖心から出てくる香りは仲間に危険を知らせるためのものであるが、同時に捕食者の魚の食欲を刺激する。だが、ラグーン（礁《しょう》湖《こ》）に生息するスズメダイという色鮮やかな小魚は、この香りによるコミュニケーションがもつ「捕食者の食欲を刺激してしまう」という欠点をうまく利用している。捕食者によって傷つけられ、捕獲されたスズメダイは、警戒信号のにおい分子を発する。その目的はなんと、より多くの捕食者を引きつけることなのだ。捕食者たちがいっせいに傷ついた獲物に向かっているあいだ、他のスズメダイはどさくさに紛れて逃げおおせる。

1

魚はみんなしゃべっている

マスクとシュノーケルをつけて海底を探索していると、空中を浮遊しているような気分になる。新しい世界を発見し、その上空を飛び回っているかのようだ。岸から離れるにつれ、海はますます深くなる。深いところでは海底までの距離が長いので、海底の色は青く染まり、万年筆のインクがにじんだあとのようにぼやけた色合いになってくる。この薄い青色のなかに、海底のショーに添えられた目に見えない字幕が溶けこんでいる。人間の目には見えない色彩という字幕だ。

　水中では色がなくなる。もともと、太陽からの光にはあらゆる色の波長が含まれている。だが、光が水のなかで長い距離を通過すると、水中に含まれる分子が光に当たっていっそう色を吸収する。水の分子が色を食べてしまうのだ。水の分子はまず、赤、オレンジ、黄色といった、より「暖かい」色、すなわち波長の長い光を吸収する。五メートル潜ると赤はすっかり消える。赤いものは青色のなかに溶けこんでしまうのだ。光がさらに深く潜っていくと、十五メートルほどで黄色が失われていき、三十メートルほどで緑が失われる。やがて青だけが残る。六十メートル以上潜ると、海は僕たちの目には明るい青一色に見えてくる。その後、この青も消えてしまう。これが深海の暗闇だ。深さ四百メートルともな

ると、太陽の光はもう届いてこない。この暗闇を照らしているのは発光生物だけだ。ところで、海深く潜っていく太陽光には、紫外線という目に見えない別の放射光も含まれている。紫外線は「青よりも青い」色をしており、波長がとても短く、僕たちの目では見ることができない。なぜなら僕たちの目の水晶体がブロックしてしまうからだ。魚たちは、人間には青一色にしか見えない場所を照らしている紫外線の色を感じとることができる。人間には、水中の動物や景色はぱっとしないくすんだ色に見える。だが、紫外線を感知できる手段で観察すれば、色とりどりの文様や数え切れないほどの色鮮やかな水玉模様や縞模様に目を奪われることだろう。

　海のなかでは、色彩もまた言語になる。誰かと話をするために、目的に応じてカメレオンより効果的に色を変えることができる種はたくさんいる。魚の皮膚をルーペで見ると、微小な斑点やさまざまな色合いが見られるだろう。魚の皮膚には色素胞《しきそほう》という色のついた細胞が存在し、魚はこの細胞を膨張させたり収縮させたりすることができる。どの色の色素胞を膨張させるかを選ぶことで、画素をあれこれ選ぶかのように、自分の体色を選択でき、自分の皮膚の模様を変化させることさえできるのだ。魚がもつこの能力は、信号に用いられることもあるし、自己主張や会話に用いられることもある。だが、このコミュニケーションはきわめて繊細なためにその大部分はいまだ謎に包まれている。たとえば色は情報を伝えることに用いられるが、嘘をつくことに用いられることもある。真実を語る色として、たとえば、サケの目の色は、そのサケの気分を表現する。一方で嘘をつくための色としては、たとえばベラの斑点は捕食者の目を装っている。シャコは偏光を利用した信号を用いる。3D映画が3D偏光メガネに合わせて制作されているのと同じようにして、シャコの殻には仲間のみが解読できるような偏光の信号が記されている。

カジキの縞模様の色は、サバの目をくらますことができる波長の紫外線の色をしている。カジキは仲間に自分の気分を伝えるためにこの色を用いるが、同時にこの色が、サバの群れを怖がらせ、動きを止める。カジキがサバに送る信号をサバは理解できないため、その信号は目くらましになる。すると、パニックになったサバは小さなボール状に集まって群れをつくる。そうなればしめたものだ。カジキは簡単に吻《ふん》[*2]でサ

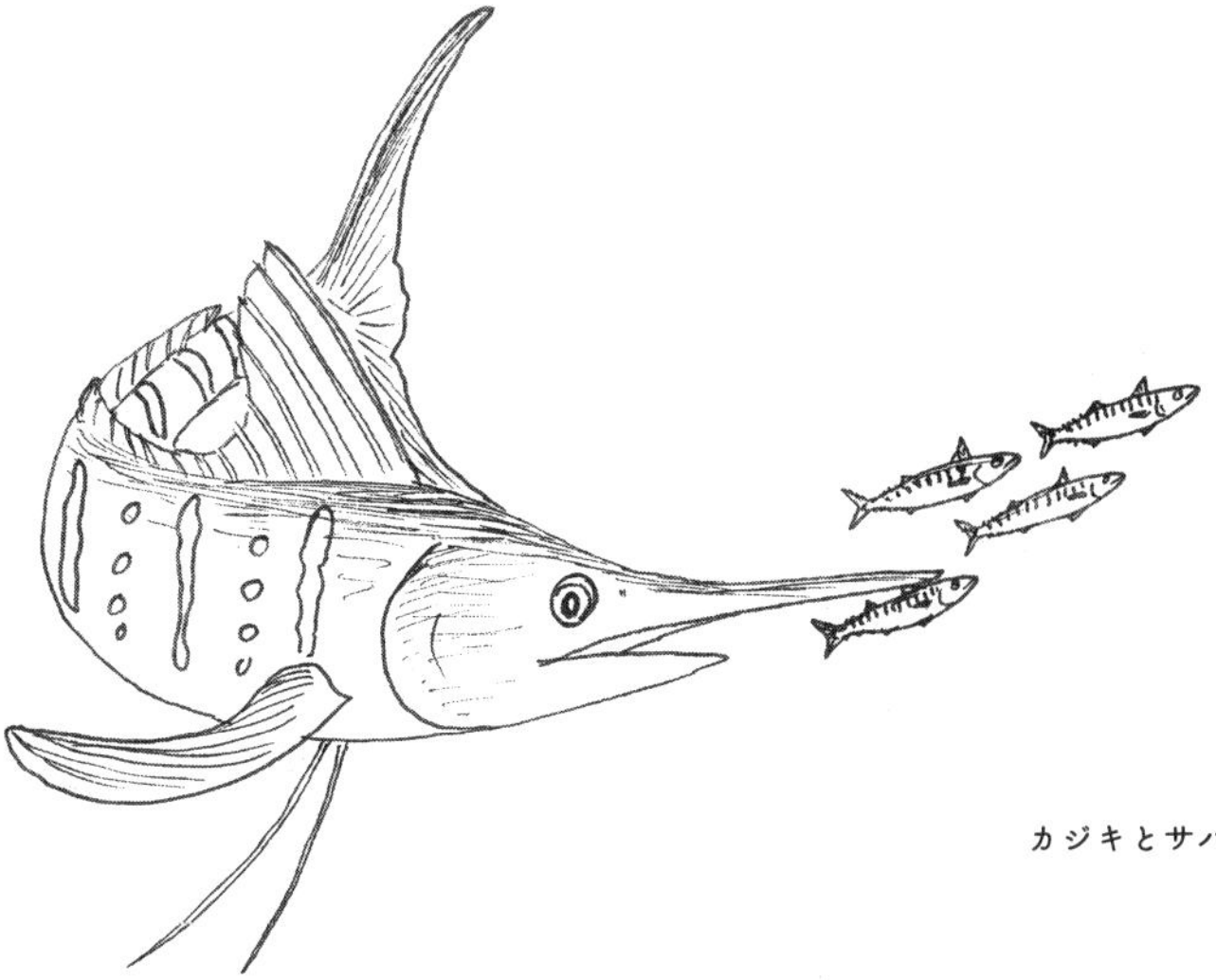

カジキとサバ

バを叩いて攻撃することができるようになる。

色と香りの背後にはまた、僕たちの想像力の限界に挑むような言語で、また別の海の字幕が書かれている。

飛行機が通ったあとに飛行機雲が残るのと同じように、魚が泳いだあとには水流と振動による信号や渦巻きが残され、それをまた別の魚が側線[*3]で感じとる。このときの感覚を何かにたとえるのは難しい。側線は「有毛細胞」という細胞で覆われている。有毛細胞に生えている毛（感覚毛）は水流の影響で曲がり、それによって感知した水流についての情報を神経系に伝える。こうして、魚は自分の周囲に存在する水流の地図を作成する。水流と渦巻きを解読することで、魚は真っ暗な場所でも迷子にならずにすむ。魚は、水流と水の動きというかたちで周囲の環境をイメージし、その像は色や音、香りによる他のイメージと重ね合わせられる。僕たちには夢のなかでしか想像できないような世界の読み取り方だ。

電界によって成り立つ世界も、表現するのはむずかしい。シビレエイなどの魚たちは触れることができない電界を感じ取ることができ、信号を送ることにも利用している。まるでもうひとつの海が別の次元に存在し、そこではすべての生物が指紋や足跡や声を備えているかのようだ。サンゴ礁が暗い夜に覆われたときでも、サメはこの第二の宇宙を利用することで（電界にある「指紋」「足跡」「声」のようなものを手がかりにして）、方向を定めて狩りをすることができる。サメたちにとって第二の宇宙はどうきらめいて見えているのだろう？　この謎は彼らだけの秘密のままだ。

他にもたくさんある「並行宇宙」の存在については、いまだ仮説の域を出ていない。たとえば、磁場を知覚することができる魚がいるとも考えられている。回遊魚は、まさに内なる方位磁針とでもいうべきこの能力を用いて進路を定めているようだ。僕たち人間には知覚できない海中の壮大なショーのなかに磁場という字幕のレイヤーを加えることができるかもしれない。それは、進むべき方向を見つける方法であり、地球という巨大な磁石が発する信号の影響を受けることで世界を読み取る方法でもある。

だからといって、水中の生物たちがひっそりと交わしているさまざまなおしゃべりをうらやましく思うことはない。音声、書き言葉、身振り、画像、記号、音楽……。僕たち人間もまた、語るためのさまざまな手段を持ちあわせている。水中の生物たちに負けない数

＊2　長く鋭く突き出るように伸びた上顎。
＊3　魚類と一部の両生類の体側に見られる器官で、水流や水圧の変化を感じとる。

の隠された並行世界が与えられているではないか。むしろ、コミュニケーションの手段がたくさんありすぎると不満を漏らすくらいだ。ショートメッセージで連絡してきた相手がメールで返信をよこしたり、同時にいくつものメッセンジャーで会話を始めたり、かと思えば、電話にそっけなく対応したり……。

海の住人たちも、同時に多数の見えないネットワークを使って会話をしている。人間には知覚できない色、電磁場、水の振動、フェロモンなど、さまざまな波や経路に乗せて言葉が運ばれていく。だが一方で、海の住人たちはまた、僕たちが昔ながらの固定電話を使うような「古風な」話し方もしている。あるいは、電話機のない時代のように話すのだ。

その声に耳を澄ましてみよう。

2

音が絶えない世界

耳に水が入ったときに聞こえる
「ごぼごぼ」という音のなかには、
遠くの火山や姿を見せないクジラの歌声の響きが含まれている。

「xylophone de l'hippocampe（タツノオトシゴの木琴）」という名詞は、
スクラブル[*1]でポイントを稼ぐためだけに使われるのではない。

イセエビが調子っぱずれなバイオリンの演奏を披露する。

ホタテガイの歌に心癒される

2

音が絶えない世界

初めて海に潜ったとき、変な音が聞こえたのではないだろうか。うなるような、かちかちというような、いろいろなものが混ざった音がぼんやりと聞こえただろう。しかし水面から出たあとで思い返すと、「何も聞こえなかった」、「僕たちの耳は水のなかで何かが聞こえるようにはできていない」、「聞こえたような気がしただけで、あの不協和音は幻聴にすぎなかった」などと考え直す。

だが実際、僕たちの耳は水中でも完璧に機能する。海の声、その一級品の物語をあなたは聞いていたのだ。

そして、あなたが聞いていたその物語は、いくつもの海の物語が混ざり合ってできたものである。

海は音で満たされ、僕たちが生きている空気中よりもにぎやかだ。そもそも、音とは物質の振動である。水は空気より密度が高いために振動しやすく、音がよく伝わる。水中で

＊1　単語をクロスワード状に並べて得点を競うゲーム。

は音は光より遠くまで伝わり、弱まることなく何キロメートルも先まで届く。だから、海の声は誰が発したのかわからない遠くからの音が混ざり合ってできている。岸の上からでは想像もできないような音が、僕たちと、遠く離れた音の起源とを結びつけてくれるのだ。

水でいっぱいになった耳に聞こえる「ごぼごぼ」という音は、いわばいろいろな音を具材にしたスープだ。すりつぶされた野菜がポタージュのなかで混じり合っているように、さまざまな声が混じり合っている。花束を手にしたときにひとつひとつの花から匂い立っては消える香りをかぎ分けることができるのと同じように、僕たちは音を聞き分けることができる。オーケストラのいろいろな楽器のように、海から聞こえるそれぞれの声が、それぞれの音階と波長をもっていて、それぞれの音色で自分の物語を語っている。

いろいろな音色が混ざり合うことで、耳のなかをほどよく満たすような、海洋音響学者が「海洋環境雑音」と名づけた魅力的な音がつくりだされる。

耳を傾けてみよう。

まず初めに、低音が聞こえる。水のなかでは低い音が背景音になる。うなり、とどろく音は、まるでいびきのようだ。最も強いこの音は、海岸で砕けた波や水面をなでる風、地球が時には気まぐれに鳴らしている音などのさまざまな要素が反響したものだ。極地の氷山のきしみや、海嶺に沿った地震の音、遠くの暴風雨の音も、このいびきのなかに含まれている。

はるか彼方の天変地異のざわめきが、長旅で弱められながらも低い音として届き、海というオーケストラによるＢＧＭをつくりだしているのだ。

マラカスのような音が鳴っているのも聞こえる。雨の音、水面の泡の音、つまり気体と液体が出会う音だ。

長いビブラートのかかったバイオリンらしき音も聞き分けることができるだろう。これは何十キロも越えて広がる、船舶のモーター音や金属音、スクリュー音だ。海上交通も、陸上の高速道路と同じくらい大きな音を立てるので、遠くでもその音が聞こえる。コンテナ船が通過する際には、飛行機の離陸に負けないくらいの音が鳴り、海上交通は、にぎやかな街路に匹敵する背景音を生みだす。

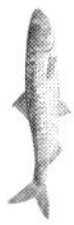

この騒音をかき消そうとするかのように、もっと美しい旋律も聞こえてくる。かき消すには力不足なのだが、フルートかトランペットのような響きだ。これはクジラの声のこだ

までである。

いろいろな意味をもったこのクジラの音楽は科学によって少しずつ解読されはじめている。愛の歌や、子クジラをあやすための子守歌、ごちそうのニシンを祝うための歌……それに加えて、単に音楽を楽しむためだけに歌うメロディーもあるようだ。

クジラの歌声だけがはっきりと聞き分けられることは珍しいが、どんな海でも、クジラの声は海の音のかなりの部分を占めている。クジラは、はるか遠くからでも音を伝え、海を越えて語り合うことができる。クジラは、離れていても語り合えるような水中電話を発達させたのだ。

クジラが契約したこの水中電話は、水温と水圧によって機能している。そもそも海水には、太陽に温められた海面近くの温水と、より深いところの冷水という二つの層がある。二つの層の境界は「水温躍層」と呼ばれ、この層においては水温が著しく低下する。海水浴の最中に、水の底に流れる「冷たい水流」に足が触れたときに気づいたことがあるかもしれない。沖ではこの現象が拡大される。水温躍層付近ではわずか数十メートル潜るだけで二十度も温度が下がるのだ。

この温水と冷水の境界で音がとらえられる。この境界のなかから音が水面に向かうと、温水の層を通る。温水の層では、水温が高いために音の速度が上がり、そうすると屈折が生じて音は海底へと向きを変える。音が海底に向かい、水深の深い場所に達すると、水圧が高くなることで同じく音の速度が上がり、同じく屈折によって音の向きが水面の方向に変わる。こうして、水温躍層の深さの水のなかに音がいわば閉じこめられる。クジラがこのサウンドチャネル内で歌うと、冷水と温水の境界である水温躍層の境界で声の向きが変わり、脇にそれたり弱まったりすることなく、垂直方向ではなく水平方向に何千キロメートルもまっすぐに伝わることになる。光ファイバーに閉じこめられた光が伝わるのと同じ仕組みだ。

　地中海のナガスクジラは、ＳＯＦＡＲチャネルと呼ばれるこの電話線を使って、お互いにセレナードを捧げ合ったり、二千キロメートルを超える距離からデートに誘ったりしている。

　クジラの歌のメロディーを正確に聞き分けるためには、運よくちょうどいい場所にいないといけない。しかし、クジラの歌は海の周囲の音に混じっているので、頭まで潜りさえすれば海のあちこちで響いている歌を聞くことができる。クジラの研究者は、直接観察できるとはかぎらないクジラという動物の気配に耳を澄まし、希少な種類のクジラの生息数を計測する。そのために、海で鳴っている音を注意深く聞き取り、その性質を分析するという手段を使う。ラジオのそれぞれの周波数がそれぞれのチャンネルに割り当てられているのと同じように、それぞれの種が固有の声と波長をもっているからだ。

一九八九年、世界でいちばん孤独なクジラの呼びかけをハイドロフォン（水中マイクロフォン）が初めて受信した。あるクジラが、ナガスクジラに特徴的な歌声を発した。しかし、その周波数はチューバの最も低い音と同じくらいで、五十二ヘルツだった。ナガスクジラの仲間が十ヘルツから三十五ヘルツのあいだの周波数を用いてコミュニケーションをとっているのと比べると、高すぎる声だ。要するにこのクジラは、返事を期待できないのに、何十年も前から歌い、話しかけ、仲間に呼びかけているということだ。このクジラが広大な深海を孤独にさまようなか、海洋学者が観測に使うハイドロフォンだけが毎年その呼びかけを聞いていた。この奇妙な声がどこから聞こえてくるのかは誰も知らない。このクジラについては、シロナガスクジラとナガスクジラとの雑種であると考える人も、形態異常であると考える人も、生まれつき耳が聞こえなかったために声の調子を修正することができなかったのだと考える人もいる。このクジラが巨大な海のなかで他のクジラと出会うことができたのか、他のクジラを見つけても話しかけられない状況で何を感じていたのか、その答えは誰も知らない。声を聞くことによって、この孤独なクジラがどこを回遊しているのかを毎年追跡することはできても、直接観察することはできなかった。この歌は、人間にとってはこのクジラの存在の唯一の手がかりなのだが、まさにその歌のせいで、クジラは仲間から孤立してしまっている。希望をこめて歌われつづけたこの歌は、太平洋の虚無へと吸いこまれていく。

あるとき、大西洋で、正体のわからない声を発しているクジラが発見された。それはたしかにクジラの一種なのだが、その種の個体はそれまでに一頭も発見されていなかった。音の構造の研究によって、そのクジラは、極端に臆病な動物であるアカボウクジラ科の一種であることがわかった。水面でも潮を吹くことはなく、船が近づくとあわてて深く潜ってしまう。奇妙なクジラだった。褐色で斑点のある長い胴体をしており、イノシシに似た牙をもっていることだけが観察できた、アカボウクジラの希少種のようだ。そのクジラは、水深三千メートル近くの深いところでイカを追いかけていた。この深さは海洋哺乳類では最高記録である。このように、つつましやかな動物たちの声を聞くことで、僕たちは彼らについて、彼らの行動についてよく知ることができたし、それが新しい種の発見にもつながった。

海のなかにはたくさんの隠れた物語が存在する。誰かに自

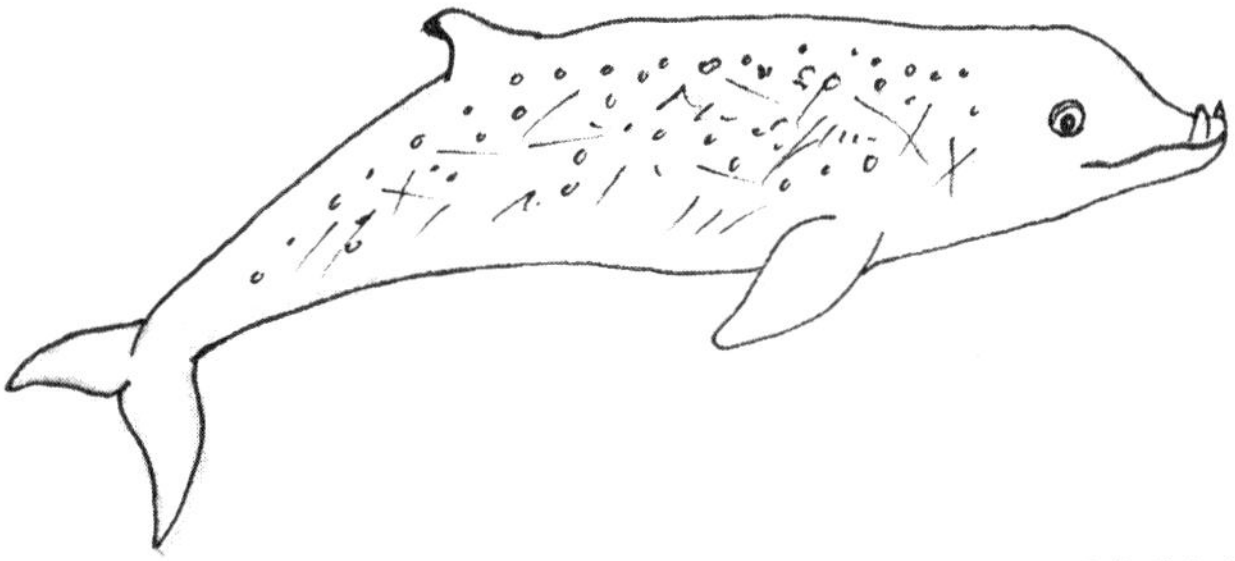

アカボウクジラ

分の話を聞いてもらいたいのに、怖くて姿を現せないといった臆病な生き物であふれている。その孤独な響きのなかにいまだ明かされたことがない神秘を隠しもっている内気な生き物がたくさんいるのだ。

海のざわめきに耳を澄ますと、低音の響きに交じって歌が聞こえてくる。海岸とサンゴ礁に近づくと、さまざまな音色やリズムや音域が混ざり合った本物さながらの讃美歌が聞こえてくる。魚たちの合唱だ。

魚たちは森の鳥たちよりもおしゃべりで、それぞれのやり方で出された声で海が埋め尽くされる。

音を出すために浮き袋――腹部にあり、器用に浮くことを可能にする、気体の入った袋――を用いる魚もいる。つまり、浮き袋を太鼓のように使うわけだが、これは食事のあとにお腹を叩いて音を鳴らす子どもにどこか似ている（大人になったいまでは人に言えない、誰もがかつてやったことがある音楽だ）。ニベがカラスのように鳴き、ハタがぶうぶう言い、ホウボウがうなり声をあげるとき、それぞれが腹部の特別な筋肉の力でお腹を鳴らしているのだ。この音は、霧笛やドラムのソロ、ゲーム番組のブザーを想い起こさせる。

2

音が絶えない世界

海岸からでも聞こえるものもあれば、もっとひそかにささやくような音もある。タラはコダラやポラックよりもおしゃべりで、ニベはパーチよりも声が低い。

アジとパンプキンシード[*2]はより高い音を好み、メロディーを奏でるために歯ぎしりする。タツノオトシゴは頭の後ろについているトサカのような骨を使って首をかき鳴らし、木琴のように演奏する。ナマズはとげを震わせて音を出す。目立たない魚、ハゼ——潮の満ち引きに取り残されてできた水たまりの住人である——は、エラから水を噴き出すことで愛の歌を奏でるのだが、それがどのような流体力学的メカニズムで成り立っているのかは、まだ解明されていない。

たくさんの魚が住みついたサンゴ礁に日が昇るとき、魚たちの合唱は、ハッピーアワーのカクテルバーの店内のように騒がしくなる。とはいえ、カクテルバーの客たちも、産卵のために群れをつくるときに二百デシベルを超える音を発して周囲のクジラの耳を聞こえなくさせてしまうナガニベに比べれば、静かなものである。

海岸で海に耳を傾けると、かちかちとか、ぱちぱちといった打楽器のようなさまざまな音が鳴っているのも聞こえてくる。

＊2　ブルーギルに近いサンフィッシュ科の淡水魚。

これは海のソリストたちのしわざだ。殻を閉める貝や、殻を鳴らしながら岩の苔を食べるウニ、はさみを鳴らす小エビといったソリストだ。

シャコは、キャビテーション[*3]によって水が蒸発してしまうほど、素早く力強くはさみを鳴らすことができ、そのときには、銃声にも似た、水中で最も激しい音が鳴る。

イセエビは自分のことを音楽家だと思っているようだ。触角でバイオリンを弾くことができる。バイオリンの弓を弦の上を滑らせたり引っかけたりして振動を生みだすのと同じ摩擦の原理で、目元にある触角をこすり合わせる。甲羅が弦楽器の胴のように音を増幅させる。このやり方で音を出す生物は、人間の音楽家を除けばイセエビが唯一の存在だ。しかし残念なことに、イセエビの演奏はとても調子っぱずれで、その音は、バイオリンの音色というよりむしろ扉がきしむ音に似ている。そのため、この耐えがたい音は捕食者を追い払うために使われている。

ときに、かちかちという音が混ざることでより大きなメロディーになることがある。ホタテガイは臆病な生き物だ。とりわけ、自分を食べようとしてくるタコやヒトデを目の前にしたときはそうだ。ホタテガイは、貝の仲間にしてはめずらしいギフト、すなわち目をもっている。一列に並んだその青と黒の目で絶えずまわりを見渡しているのだ。ホタテガイはほんの少し危険を察知するだけで、殻を高速で開閉しながら水中で推進力を発生させ、殻を鳴らしながら泳いで逃げ出す。使った水や邪魔な砂を吐き出すときにも殻を鳴らし、水中でくしゃみをする。この開閉やくしゃみはブルターニュの海中のサウンドスケープの一部となっていて、サン＝ブリューの入り江でカスタネットとくしゃみのコンサートを開いている。ホタテガイは仲間どうしで話すためにこの音を使っているわけではないが、この音は僕たちに多くのことを教えてくれる。彼らの歌を聴き、音を立てる頻度を知ることで、水がきれいなのか汚れているのか、ホタテガイの捕食者がどれだけいるのかを知ることができる。つまり、ホタテガイは海洋学者たちに、海がどんな状態か、生物学的な観点から見て健全な環境かどうかを教えてくれる。くしゃみの大合奏から彼らの不思議な生活の神秘の一端を垣間見ることができるのだ。

海のＢＧＭには、人間には聞き取れない音も含まれている。大規模な水の動きや魚の移

＊3　液体中で、局所的に圧力が低下して飽和蒸気圧よりも低くなったとき、その液体の蒸気による気泡が発生する現象。

動、波の乱流によって引き起こされる、低すぎて聞こえない超低周波の音が存在する一方、イルカのソナー音や、水分子の熱運動[*4]によって生じる音といった、高すぎて聞こえない超高周波の音も存在する。この熱雑音は、音を運んでいるとみなされる物質の粒子によって生じることから、そもそも音の定義は何かという話にまでつながっていく。それはまた、おそらく、海の最も深い秘密であり隠れた部分と関係している、ほぼ机上の存在ともいえる音なのである。水の動きで生じる音でもなく、水の住人による音でもなく、水の流れで生じる音でもなく、水分子の、水という物質の、あるいは水の存在そのものの音である。想像することさえむずかしい音楽といえよう。水は僕たちに何といっているのだろう？水の声は何に似ているだろう？　科学が教えてくれるところでは、水分子の熱運動の音はホワイトノイズ[*5]であり、周波数が高くなればなるほど強くなる音だという。そういわれたところで、はっきりとしたイメージは浮かんでこないのだが。

イルカは、海のＢＧＭとなっている他の音にくわえて、この究極の音を聞くことができる。イルカたちにしてみれば、この音は何より邪魔なもので、ソナーの信号を妨害するものだ。しかし、イルカたちはイルカたちで、この水分子の不明瞭な歌から海の秘密を解読しているのだろう。

海の環境音は、目に見えない多くの生き物たちが僕たちに物語を語る声が溶けこんだ音の鉱石だ。大嵐も水分子も、シロナガスクジラも小エビも、それぞれのやり方でコンサートを開いて、いろいろな響きが混ざり合ったなかに自分たちの音を添えている。

科学や想像力を駆使することによって、この混じり合った響きに意味を与え、混沌とした驚くべきこの夢を解釈することができる。耳が水でいっぱいになると聞こえてくる「ごぼごぼ」という音、そのなかでこんなにも多くの声が話しかけてくれているのだと思うと、その甘美さにめまいがする。僕たちはこんなにも多くの物語を聞くことができるのだ！

そんな音が聞こえるのは幸運だ。耳を傾けるのは素晴らしいことだ。

それでは、隠された物語をさらに見ていこう。

＊4　物質を構成する分子の不規則な運動。
＊5　すべての周波数で同じ強度となる雑音。

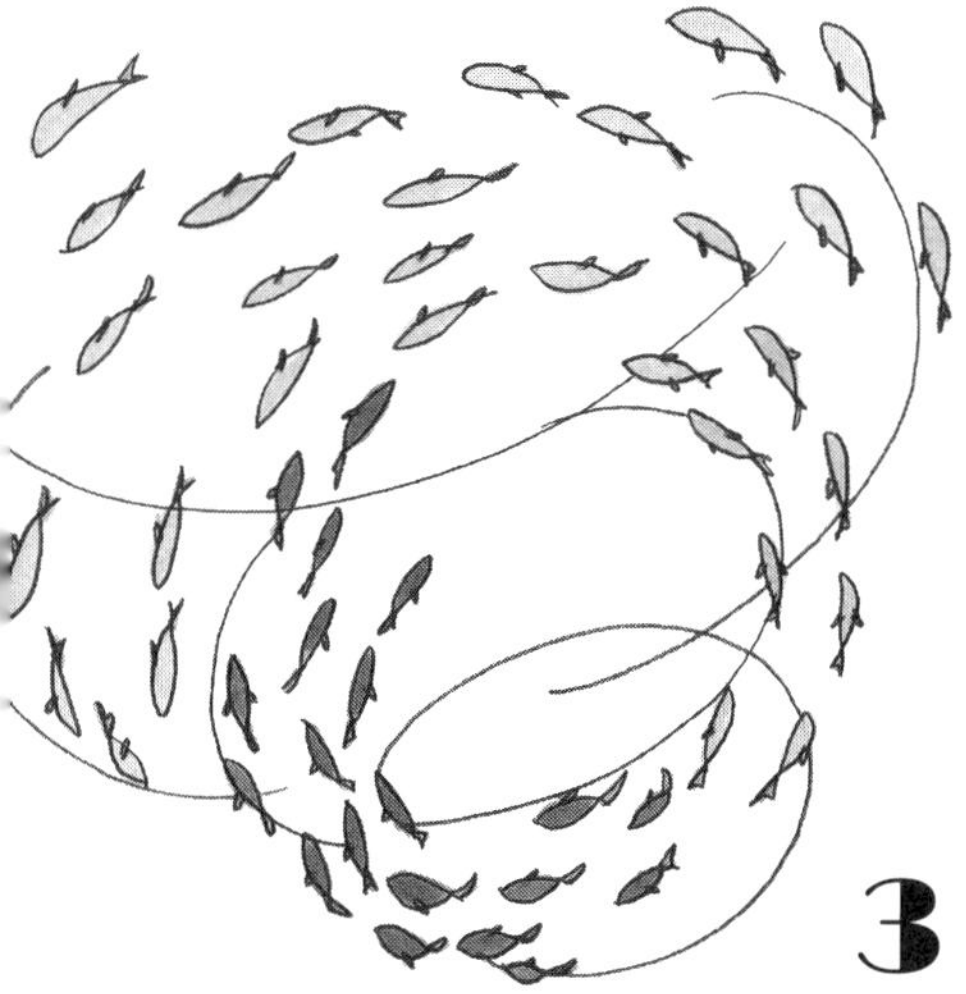

3

イワシのように
詰められる

イワシは海の鏡になる。

ニシンのおならが大活劇を引き起こす。

掃除魚はただできれいにしてくれる。

サンゴが他の生物や物質からできているのと同じように、
人間もよく見ると人間以外のものからできている。

3

イワシのように詰められる

水中のイワシの群れは、それをイワシの群れだと知らずに見ると、海面に映った太陽の光がさっと反射しただけにしか見えない。どんなに数が多かったり密集したりしていても、イワシは自分の姿を見られないようにすることができる。イワシの背中は、海のように青いので、上から見つけることはできない。下から見ると、真珠色の腹部は空からの光に紛れる。横から見ると、脇腹は鏡のように光を反射する。青い海のなかでは周囲の色を反射することで、つやのある青色や周囲の景色そのものになり、海の眺めに溶けこんでしまう。

銀色の側面をつくりだしているのは「銀の層（*stratum argenteum*）」と呼ばれる、多くの種類の魚の透明な鱗の下にある皮膚の層だ。きらきらしたこの皮膚は普通の鏡より優れていて、ガラスよりも光をよく反射する。そもそも、金属、鏡、ガラスといった光を反射する素材は、入射角に応じて光が強く反射したり弱く反射したりする。したがって、どの入射角でも同じ強さで反射するなどということはない。このことは、「偏光」という目に見えない基本的な特性によるものである。物質に反射した光線は偏光する。電界は、反射させる物質の電子の振動に応じて特定の方向に振動する。光線が物体の表面に到達したとき、特定の方向から来た光のみを反射するのはそのためだ。つまり、光を反射する物体は光を完全には反射させない。そのために、物体は周囲から目立ち、その一部だけが光り輝く。この反射光は、偏光した光でできているため、偏光サングラスのフィルターを通して見ると消える。偏光サングラスによって反射光が見えなくなるのはこの現象によるものである。

しかし、イワシの皮で反射する光については、以上のことがあてはまらない。イワシの皮膚は二種類の異なる形状をもつグアニンの結晶でできていて、それぞれが別の角度で光を反射させる。光がどこから来ようと、「銀の層」の結晶のどちらかが完全に反射させる。こうして、イワシは、どんな角度の光でも均等に反射する完全な鏡となる。イワシは自分の皮膚に映る世界に完全に姿を溶けこませることができるのだ。海そのものと海を映したイワシの体を見分けることはできない。

他の魚たちの大部分と同じく、イワシの銀色の皮膚には、その皮膚を守るための鱗がついている。鱗はその魚の歴史そのものだ。木の幹の断面と同じように、鱗は魚が成長するにつれて同心円状に形成される。それぞれの輪に、その魚が経験してきたエピソードが刻まれている。狭い間隔の輪は厳しい冬を越してきたことを示す。広い間隔の輪は、夏の太陽を存分に浴びて急成長した証しだ。稚魚の時期の記憶を伝える鱗もあれば、回遊魚の場合には、海水と淡水の境界を越えた移動の痕跡を残すものもある。いわばその魚の履歴が鱗の上に残されているのだ。鱗が剥《は》ぎ取られると、別の鱗が再び生えはじめる。そこには現在進行形の物語がまた記され、その続きも書きこまれるが、過ぎ去った過去が再び記されることはない。

イワシをよく見ると、体が一様に銀色であるだけではないとわかるだろう。多くの場合、イワシには、頭の後ろから体側に沿って、色の薄い黒い斑点の列が存在する。この小さな斑点のおかげで、群れのなかで進むべき方向を見つけることが容易になり、集団で泳ぐことができるようになる。イワシの群れの密度は一立方メートルあたりおおよそ十五匹。人間でいうと、ラッシュアワーの地下鉄の密度の四倍に相当する。しかし、地下鉄に詰めこまれた人間とは違って、逆方向に泳ぐイワシ

イワシの群れ

はいない。イワシの群れでは、お互いにぶつかることも混乱や渋滞が起きることもないのだ。声をかけ合うまでもなく、イワシたちは適切な距離と互いを尊重した速度を保つことができる。

　イワシは、自分にいちばん近い仲間を見ることと、仲間が前進する際に起こす水流を感じることによって速度を調整する。そして、完璧な雄弁術をものにしている。ごく簡単な動きですべてが語られ、一瞥《いちべつ》するだけですべてが伝わる。指揮者も命令も必要なく、隣の仲間との簡単なやりとりだけで群れ全体が組織される。このようにして何百万ものイワシが泳ぎ、群れを前後から見るとサイコロの五の目のかたちになるように自動的に並び、動きが完全にそろう。この動きがつくりだすのは、複雑なかたちへと繊細に姿を変えていく水中のバレエだ。ひとつの国をつくれるほどの無数の魚たちがひとつの生き物であるかのように動きまわり、ひとつになって意思決定をすることができるのだ。僕たち人間は、家族や友だちグループでも、旅行先やレストランを決めるだけのことで互いに長々と遠慮し合ったり揉めたりすることがめずらしくない。イワシの群れでは、何百万匹いても議論の必要なく、自然に決断がなされる。捕食者に出くわしたとき、群れは策略をめぐらせ、噴水が噴き出すように二つに分かれ、相手を戸惑わせる。イワシの餌となるプランクトンのカイアシが近くに来たときには、各構成員がありつけるように、群れは最適な戦略を選択する。それぞれのイワシが個別に恩恵に与《あずか》ることができるようにばらばらになることもあれば、逆に、組織的に効率よく獲物を食べられるようにきちんと整列することもある。それぞれのイワシの小さな行動を集めることで集団としての知性が出現する。これは、民主主義の優れたかたちではないだろうか。群れが十キロメートルを超える長さになったとしても、リーダーも、全体を支配する集団も、命令も存在せずに、ひとまとまりになったイワシの群れは一致団結して泳ぐのだ。

イワシの親戚のような存在のニシンは、同じく群れで生活するが、イワシほど器用なやり方をしているわけではない。だが、夜に群れをつくるときでも互いを見失わないように、暗闇で会話するのにうってつけの方法をもっている。もっとも、戦争までも勃発させかけた非常識な方法ではあるのだが。

一九八二年、ストックホルム近海でソヴィエト連邦の潜水艦が座礁した一年後のこと。冷戦末期の緊張が高まっている時期ということもあり、スウェーデン海軍はソ連による侵略をかつてないほどに警戒していた。侵略の兆候があるといった報道もしょっちゅうだった。そんなときに、ソナーが検知した音を分析する海軍士官、スウェーデン海軍の「黄金の耳」が、未知の音声信号に気づいた。それは、エンジンで動くスクリューの音と同じ周波数帯をもつ、潜水艦の「典型的な音」だった。

　スウェーデン海軍参謀は、ソ連の潜水艦による待ち伏せの裏をかくことができたと信じて、調査対応を急いだ。ところが、対象となる海域に潜水艦が動員されたものの、無線通信を傍受できず、発生源をソナーで探知することもできない。強力なカモフラージュ技術を備えた敵と対峙しているとみなしたスウェーデンは、一カ月間にわたって戦闘機と軍艦を配備した。だが、どこから上がってきた結論も同じだった。水面に上ってくる泡は見えても、潜水艦は依然として発見できない。バルト海への潜水艦の展開を否定していたソ連とのあいだで外交トラブルに発展しかねない問題だった。何カ月ものあいだ、さらにはその後何年も、「典型的な音」と呼ばれるこの音が問題になった。その音が聞こえるたびに、軍人も外交官も事態を解明し沈静化させるためのむなしい努力を続けた。不遜かつ俊敏な動きで自分たちを翻弄するソ連の潜水艦の動きを、スウェーデン海軍は侮辱として受け取った。その不気味な音はソナーを混乱させるばかりでなく、外交にも混乱をもたらしつづけ、その混乱はソ連崩壊の後まで続いた。一九九四年、スウェーデン政府は相変わらずその音に悩まされていたが、調査を終了することにした。スウェーデンのカール・ビルト首相は、ロシアのボリス・エリツィン大統領に手紙を書いて、ロシアが自国の潜水艦隊の移動を統制できていないことを非難した。もちろんエリツィンはすべてを否定した。

　一九九六年、スウェーデン軍はついに、民間人のマヌス・ヴァアールベリ教授の生物音響学研究グループに、「軍事機密」に指定されていたこの不思議な音を聞かせることにした。正体を突き止めるためだ。こうして、科学者たちが「典型的な音」を分析したことでようやく正体がわかり、ロシアの潜水艦の疑惑は晴れた。犯人はニシンの群れだったのだ。

　ニシンは夜間に群れをつくり、独特な方法でおしゃべりに興じる。その方法とは……内臓のガスを使うのだ！　ニシンの浮き袋はもちろん浮くための器官だが、そこには複雑な管が通っている。内臓でガスがつくりだされると、その管を通して外に排出される。このおならの大合唱によって複雑な情報がやりとりされている。このおならは、〇・〇三二秒から〇・一三三秒といった周期の一定のリズムで反復される音で構成されている。ニシンたちは、捕食者には聞かれることのない周波数で――スウェーデン海軍には聞かれてしまったが――、このおならをコミュニケーションに用いている。このおならが、詩的ともいえる泡のカーテンを群れの周りにつくりだすことで、暗闇のなかでも群れることができるようになる。夜のニシンたちが光を反射して輝き、立ちのぼる真珠の泡が心地よく調和した美しい光景を生み出す。北欧であやうく勃発しそうになった戦争よりは、ずいぶん心安らぐ眺めではないだろうか。

魚たちの共同生活は、イワシやニシンのような、同じ種類の仲間でつくる群れだけではない。海の魚たちは異なる種とも社会関係を結ぶ。一方が他方をまねることで意思疎通を図るのではなく、互いに理解し合うための言語を発明する。

サンゴ礁に夜のとばりが下りると、ハタとウツボは狩りのために協力しはじめる。まるでかの有名なラ・フォンテーヌの「キツネとコウノトリ」の寓話[*1]さながらだ。ハタは水中での急加速が得意で遠くを見る視力にも恵まれているが、器用さに欠ける。隣人のウツボのほうは、獲物が穴に逃げこんでもその穴に潜りこんで追い出す器用さはもっているのだが、泳ぎは遅く、視力も悪い。ハタは空腹になるとウツボのもとを訪れて、ヒレで合図を出す。一緒にサンゴ礁の小魚を追いかけるためだ。隠れている獲物にハタが目星をつけると、垂直な体勢で準備しているウツボに鼻で指し示す。すると、ウツボは獲物を追い出すためにサンゴ礁のなかに潜りこむ。追いかけられた魚は水中を逃げきることもできなければ、サンゴ礁の隙間に身を隠すこともできず、捕食者たちの思いどおりになるほかない。

しかし、いざ食べる段になると、この協力関係の限界が露呈してしまう。先に捕らえたほうが獲物を独占してしまうからだ。協力はしても、成果を分け合うことはできない。

3

イワシのように詰められる

地中海で岩のあるところに近づいてみると、ときおりいろいろな種類の魚が、吊るされたような垂直な姿勢で動かず、奇妙な様子でヒレをばたつかせているのを見かける。僕はこの眺めを何日もかけて辛抱強く観察したのだが、その結果、この魚たちは「クリーニング・ステーション」と呼ばれる場所[*2]にいて、掃除魚であるベラの一種と待ち合わせしているのだとわかった。このベラは、紫がかった黒い体で、他の魚たちを掃除することで手に入る寄生虫や死んだ皮、食べ残しで栄養を得ている。掃除魚の岩の前で体を垂直にするのは、掃除してほしいという合図で、ヒレを動かしてみせることで、掃除魚にエラのように重要で敏感な部分まで掃除してもかまわないと伝えているのだ。クリーニング・ステーションは魚たちが出会う場所、いわば美容室だ。そこでは争いは見られず、体の最も大きい捕食者でさえ、掃除魚や休憩所にいる他の魚を襲うことはない。掃除魚の岩にはしばしば順番待ちの行列ができるほどだ。

地球上のいろいろな地域にさまざまな種の掃除魚が住んでいる。熱帯の掃除魚ホンソメワケベラもまた、商売戦略を立てている。ホンソメワケベラは常連客と新規にやってきた

*1　大皿のスープは飲めるが背の高い壺の中のスープは飲めないキツネと、壺からは飲めるが大皿からは飲めないコウノトリの話。

*2　掃除魚の縄張りのこと。

客を区別することができる。固定客をつくるために、列ができたときには新しく来た客や、長らく掃除をしていない客を優先する。そんなふうにしてより多くの固定客を確保する。サービス業に従事している人はホンソメワケベラから学ぶべきことがありそうだ。

しかし、どの職業にも詐欺師がいるのと同じように、掃除魚にも詐欺師がいる。インド洋西部のサンゴ礁では、複雑な進化の末に、ニセクロスジギンポがホンソメワケベラを模倣するようになった。ニセクロスジギンポは青い体に黒い縞模様があり、姿だけ見ればホンソメワケベラと同じだ。しかしニセクロスジギンポには掃除魚を名乗る資格はない。むしろ逆である。このろくでなしの魚は、皮膚とヒレの破片を不幸な顧客からむしりとって栄養源にしている。ニセクロスジギンポがはびこる海域では、魚たちは掃除魚を信用しなくなるが、本物の掃除魚のホンソメワケベラは信用を得るために協力的な態度を示すようになり、そのためにますますよい商売人になっていく。

海中世界はひとつの巨大な共同体だ。その多様さ、複雑さは人間の都市に勝るとも劣らない。生物たちは、それぞれまったく違う姿をしていても、共存し、それぞれの役割を担っている。ある種が生存できるのは他の多くの生き物の助けがあってこそ、ということもめずらしくない。

この共同体の設計者でもあるサンゴは、互いに助け合うという姿勢を誰よりも体現している。そもそもサンゴ自体が、動物と植物と鉱物の緊密なパートナーシップの賜物なのだ。サンゴの枝は、群体として生息するポリプ[*3]というイソギンチャクに似た非常に小さい個体が多数集まってできている。その骨格は鉱物化していて、サンゴの石灰質を形成し、それが最終的には南国の白い砂になる。ポリプは、三つの異なる方法で栄養を摂取する。第一に、プランクトンを小さな触手で集めることがある。第二に、自分の胃を隣のサンゴのポリプに投げかけて捕食することもある。第三に、より平和的な、彼らのお気に入りの技術を活かす。ガーデニングをするのだ。サンゴのポリプは、微細な単細胞藻類・植物性プランクトンの一種である褐虫藻を自分の体内に栽培する。「家」と「毛布」――光合成を容易にする明るい住まいと肥料となる窒素を含む排泄物――を受け取ることと引き換えに、褐虫藻は光合成で生み出した酸素と栄養をポリプに供給する。このような動物と植物の共生によって、サンゴ礁は成長することができる。

しかし、サンゴの共生はこれだけではない。海洋生物学者たちは今日、生命に不可欠な融合的な協力関係をサンゴが他のさまざまな生物とどう結んでいるのかを解明しつつある。

*3 刺胞（しほう）動物（サンゴやクラゲが含まれる）の体制の基本形のひとつで、着生生活を営む際の形態。

サンゴには病気に対する免疫がある。一度かかったことのある伝染病から身を守り、抵抗する力をもっている。しかし、ポリプ自体は抗体をもっておらず、人間と同じような免疫系は備えていない。病気へのこの耐性はどう説明すればよいだろうか。現在、最も有力視されている仮説が、サンゴにプロバイオティクス[*4]が存在するという仮説だ。人間が腸内フローラ[*5]をもっているように、ポリプの体内にもさまざまなバクテリアが存在し、バクテリア群によってサンゴの免疫記憶が保たれていると考えられる。これらのバクテリアはポリプと共生し、外界の病原体からポリプを守る役割を担っている。このようにバクテリアは、より効率的に攻撃に対処できるよう、病原体を「記憶」するようになる。

二〇一九年の四月、ミクロレベルでのゲノム研究によって、サンゴのポリプの体内にこれまで観察されていなかった別の系統の住民「コラリコリッド（corallicolid）」が発見された。この存在が果たす役割はまだ明らかになっていないが、重要な問題をいくつも提起している。コラリコリッドはサンゴ属の七十パーセントのポリプの胃腔《いこう》[*6]に住んでいる。マラリアやトキソプラズマ症を引き起こす恐るべき寄生虫の仲間であるアピコンプレックス門に属するが、恐ろしい寄生虫と異なり、コラリコリッドはサンゴと仲良く共存している。そのうえ、それ自体は光合成をしないのだが、葉緑素の生成に必要な遺伝子をもっている。コラリコリッドはおそらく植物から寄生虫への進化の途上に存在するのだろう。この目新しい神秘的な共存、友情と相互協力の物語のなかに、おそらくサンゴの生活の知られざる一面が隠されている。大きな海の営みの真っただなかに隠されたミクロレベルの友情である。

サンゴのポリプは孤立した個体とはほど遠い。それは、まさにポリプと融合しているかのようにそのなかで生息している微小な種と不可分なのである。小エビから大きなサメにいたるまでの他の生き物たちが複雑な共同生活を営んでいるサンゴ礁の島という、宇宙からも見ることのできる海中の途方もない大都市が建設されたのは、このチームワークのおかげだ。

僕たち人間には触手はないし、石灰質の骨格もない。では、人間はサンゴとまったく違うのだろうか？　人間は複雑な社会に生きている。鎖の環が一個だけあっても用をなさないのと同様、人間も一人では何もできない。僕たちの文明や都市が相互扶助の原則の上に成り立っていることは、個人主義が理想として掲げられる現代ではしばしば忘れられている。しかしながら、僕たち人間の体自体をみても、他の動物と同じように、ホモ・サピエ

＊4　健康に有益な作用をもたらす生きた微生物。
＊5　ヒトや動物の腸内で一定のバランスを保ちながら共存している多種多様な腸内細菌の集まり。
＊6　ポリプのなかの空洞。消化管の役割をはたす。

ンスという種ではないが僕たちと運命をともにすることになる微生物の共同体が体の中には存在しているという点で人間はサンゴに似ているといえる。消化器から口のなかまで、あるいは足の裏まで、僕たちの体は生命維持に不可欠なバクテリアで満たされている。人体は人間の細胞数の三倍から十倍もの数の人間以外の細胞を含んでいるらしい。[*7] この数字は、アイデンティティの問題について僕たち人間が立ち止まって考える機会を与えてくれる。人間というのは、あらゆる次元でひとつの共同体にすぎないのだ。僕たちの考えや言語自体も、他のところから来た概念や言葉で満たされたひとつの生態系なのではないだろうか？　僕たちのなかには、誰かから借りた表現や誰かから譲り受けた考えが住んでいる。他者の物語が、僕たちの個人的な物語と共生している。巨大なサンゴ礁のなかと同じように、僕たちのアイデンティティの内部で、自分以外の言葉や存在が隣り合いながら泳ぎ回っている……。

地中海の岩場で観察できるサンゴや、岩に生えた黄色いハナタテサンゴの仲間、大きな柔らかい花のついたウミトサカ、たしかにそれらは南国のサンゴより色は地味である。しかし、それらが語る物語は負けず劣らず情熱的だ。ギリシャ神話によれば、サンゴが生まれたのは、英雄ペルセウスがメドゥーサ[*8]と呼ばれる怪物とこの海で戦ったときのことだという。メドゥーサは、恐ろしいゴルゴーン三姉妹の一人だ。その髪はヘビでできており、メドゥーサと目が合った者は石になってしまう。ペルセウスは、イワシの「銀の層」を参考にしたのかどうかはわからないが、敵を正面から見ないために鏡を利用するという考えにたどりついた。相手を石にする魔法の光は、反射するときに偏光して力を失ったのだろうか……。いずれにせよ、ペルセウスはメドゥーサの首を斬ることができた。そしてペルセウスが勝利を味わっているあいだに、メドゥーサの血は浜辺の海藻の上に流れ、血が流れたところの海藻が石化して（赤い）サンゴとなった。ギリシャの詩人たちは、知らず知らずのうちに、「海藻」（植物界、褐虫藻のこと）と「岩」（鉱物界、骨格のこと）と「触手のある動物」（すなわち動物界、ポリプ自身のこと）の三つにまたがって成り立っているサンゴの共生というアイデアを伝説のなかで語っている。さらに、詩人たちはサンゴがメドゥーサと呼ばれる怪物から生まれたとしているのだが、今日知られているところでは、クラゲ《メデューズ》とサンゴはともに刺胞動物門に分類され、動く速度こそ違うものの同じ解剖的機能をもっている近しい親戚とみなされている。実際、クラゲの大半には、その生涯のうちに岩に付着するポリプとなる時期がある。それと対応するかのように、ポリプの大半はクラゲの姿で水中を漂うことができる（幼生のあいだだけ水中で生きる、特定の造礁サンゴを

＊7　一・三倍にすぎないとする研究も存在する。
＊8　フランス語では、ギリシャ神話の登場人物メドゥーサもクラゲも同じMéduse/méduse。

除く）。メドゥーサの陰に隠れたゴルゴーンに関していえば、光なしでも成長することができる深海のサンゴ（ウミトサカ目）にその名が与えられている。

クラゲは泳いでいる人たちを不快にさせ、海岸で日焼けするだけにとどめておこうと考える十分な理由になる……。だが僕は、自分がダイビングという趣味を発見したときに、クラゲが観察に値する魅力的な存在に変わったことをまだ覚えている。たとえ日が傾いて水が冷たくなろうとも、僕は海の外に出なかった。タオルにくるまって寒さにがたがた震えているときにはもう、海の生物たちの物語に耳を傾けるためにまた潜る日を夢見ていた。

でも、残念なことに、どの夏のバカンスにも終わりが来るのだった。

4

小さい魚も
やがて
大きくなる

シタビラメは成長するにつれて平たくなる。

カタクチイワシは自分たちの卵を食べてしまう。

クジラは歌を通じて言葉を交わす。

子ども時代の思い出……。「直角三角形の斜辺の長さの二乗は、残りの二辺の長さの二乗の和と等しい」。小学校の教室の椅子になんとかじっと座っていながら、ぽつりぽつりと教師が話す声が単調で、僕はうとうとしていた。校庭に響くいじわるなチャイムの音のせいで、毎時間、夏休みはもう終わってしまったのだと思い知らされる。教室の外は晴れていた。

学校の新学期はなぜ、九月に始まるのだろう？　夏の終わりは美しく、海が穏やかで、太陽の光がふんだんに降り注ぎ、夕暮れの鮮やかさに負けじと木々の葉が色とりどりに装う。そんな美しい季節をわざと選んだのだろうか。窓の向こうで青い空が自由と冒険へと呼びかけている、そんな季節に子どもを部屋のなかに閉じこめるのは残酷だと考えなかったのだろうか。

パーティクルボード[*1]の机にひじをついて頭を支えながら、二等辺三角形と正三角形につ

＊1　細かな木片や削りかすを合成樹脂で固めて熱圧成型した板。

いてのうんざりするような用語説明をいい加減に聞いていた。ケージの中で大量に飼育されている家畜と同じで、僕は自分が何をしているのか全然わかっていなかった。学校には勉強しに来ているのだとみんな言っていた。けれど、何につけ知っているのはいつも先生だけで、先生が生徒に質問をし、その逆はない。どうしてこんな教え方をされなければいけないのか、僕は不思議でならなかった。

　半分うたた寝しながら、レポート用紙をバッグから出し、ぼんやりしたまま、規則どおりのＨＢ鉛筆で線を引き始めた。公式カリキュラムで決められているこの鉛筆についても何も教えてもらえなかった。みんな子どものころはＨやＢが何を意味しているのかも知らず、６Ｈや８Ｂといった珍しい硬さも含めて他の硬さの鉛筆があることにも気づかず、このＨＢの鉛筆を使い続けていたことだろう。そんなことを考えているうちに僕は落書きを始めてしまった。鉛筆の芯の下からいくつもの線が生み出され、それらの線が夢を見ているようにもつれあい、目も心も釘づけになる景色をつくりあげ、定理で埋め尽くされた黒板から遠くへと僕の意識を連れ去る。その線は用紙のマス目から自由になり、明るい青色の線と余白を区切る赤い線でできた用紙の枠を少しずつ消していった。デッサンの波に飲まれた僕は、無意識に何かをつぶやいていた。鉛筆の先からイワシの姿が現れ、ゆっくりとできあがっていく。紙の上にこすられた黒鉛から、寄せては返す波の音がもう聞こえていた。教室は海のもやのなかへぼやけて消えた。魚は少しずつ完成に近づき、そのイメージに僕は導かれていった。

魚は学校に行く必要がない。生きるために必要なことをまったく違うかたちで学ぶ。とはいえ、魚の子ども時代は複雑なものである。たいていの魚は、将来の姿が小さなイワシであれ、ヨーロッパヘダイであれ、巨大なマグロであれ、メカジキであれ、生まれるときはかろうじて一ミリメートルあるかという大きさの卵から出発する。初めは未発達な稚魚で、なんの目印もないままに、プランクトンのたくさんいる水中に散り散りになる。稚魚は、泳ぐことも何かを食べることも呼吸することもできない。流されるがままになり、腹部についた卵黄から栄養を摂取し、皮膚を通じて酸素を取りこむ。すべてはこれから身につけなくてはいけない。

しかし、稚魚はすみやかに必要なことを学ぶ。数日すると卵黄を吸収して収縮しはじめ、自分の動きを制御し、獲物のプランクトンを狩りはじめる。エラとヒレが形成される。そして、自分の運命を律することになる物語に出会うことになる。ヨーロッパウナギの稚魚は自分の生まれた沖から海岸沿いに移り住まなければいけないことを悟り、メキシコ湾流に乗って力強く泳ぎはじめる。サケの稚魚は生まれた小川を記憶に刻みこみ、子ども時代の思い出の手がかりをいつか再び発見できるように、においを認識しはじめる。サンゴ礁の魚たちは、耳を傾ける。遠くのサンゴ礁の住民が歌うざわめきをキャッチし、その音の源へと合流すべく泳いでいこうとする。沖合の何もない空間を越えるための何カ月もかかる旅へと身を投じる。

稚魚にとっては長旅はいうまでもなく、水のなかを移動するだけのことがまず難題である。微小な生物の視点に立つと、水の動きは人間の尺度で見るのとはまったく違う。水を詳細に見ると、流体の慣性と対流の効果より水分子の拡散運動のほうが影響力があるのがわかる。ミクロで見ると、水はかたまりとして動いておらず、それぞれの分子単位で無秩序に運動している。物体が小さければ小さいほど、そのサイズに応じて分子の無秩序な運動の及ぼす影響が大きくなり、その物体の周りの流れは水分子の運動の作用によって遅くなる。したがって、小さな生き物にとって、水は不動で粘性が高く、絶えず自分たちの動きにブレーキをかける液体であると感じられる。水は、稚魚の尺度では、人間の尺度でいうところのハチミツと同じぐらいの粘性をもつ。成長することで魚はこの粘性から解放され、水のことを、これまでとは別の流れ方をする、より軽い液体だと感じるようになる。

推進力をつけて進み、ついには水の流れに乗れるようになる。つまり、魚は成長しながら絶えず泳ぎ方を学び直しているのだ。学び直すこと、再発見すること、これは僕たち人間に、特に学校に通う年代の人間に課されていることだ。まず、子どもは創造的であることを求められ、紙の上に自由に絵を描いてみるように言われる。次にはみ出さずに色を塗ること、ルールを守ることを求められる。主語、述語、目的語と、決まった形式で文章をつくらなければいけないし、言われたことを守らなければならない。そして試験になると、今度は独創的であることを求められるものの、同時にリスクを冒すことなく枠に収まっていることも必要になる。ひとたび学校を卒業すると、各自がそれぞれのやり方で学び直し、自分なりの人生の方針をもつことや独創的であることが再び要求される。

プランクトンとしての生活に適応した稚魚は、成熟した姿とは似ても似つかない姿をしている。マンボウは、フランス語で「月の魚《ポワソン・リュヌ》」という名前だが、その稚魚は丸い体を取り囲むように三角形のトゲがついていて、むしろ太陽のような形だ。イワシの稚魚は糸状の細いウナギのようだ。メカジキの稚魚はドラゴンのような姿をしているのだが、メカジキの成魚に特徴的な吻《ふん》がない代わりに、背中に大きな帆を立てている。メカジキの子ども

はなかなか観察されることがない。というのも、最初の数週間で目覚ましい成長を遂げ、一年も経たないうちに四十キログラムにも達するからだ。シタビラメやプレイス（ヨーロッパツノガレイ）などのカレイ目の稚魚も、他の「普通の」魚と同じように生まれてくる。水中を泳ぎ、目も左右にそれぞれついている。成長に伴って片方の目が移動し、徐々に平らになっていく体の側面にあるもう片方の目に近づいていく。シタビラメにとっては奇妙な視点の変化が起きるのだ。海中を自由に泳ぐ能力を捨てて海底に自分をしばりつけ、堆積物から色を借り、堆積物に覆われた海底の砂と同化する。世界を下から見て、見上げた空だけが視界に入ることに身を慣らしていく。平らになり、二次元の世界で生きていくことになる。

そんなシタビラメのように僕の鉛筆は床に落ち、リノリウムの床材にぶつかって音を立てた。先生の視線を感じた僕は、反射的にその紙をノートの下に隠した。絵を描いていたと先生にばれないように。先生は声の調子を変えずに話しつづけた。とりあえずどうにかなったが、すっかり目をつけられてしまったようだ。

僕たち生徒が見ていようが見ていまいが、先生は話を続ける。その話は、最も無口な魚と一緒にいるより退屈だ。それでも先生は、話を聞かない生徒や、別のことをしている生徒を見つけるために離れたところからでも目を光らせていた。先生の話に集中しようとしてみたものの、やはり退屈だった。海の波に呼ばれている気がした。手元の紙にはカモメがいて、抽象的なアラベスク模様が描かれていて、未完成の景色が続きを描くように僕をそそのかす。僕は、ノートの下からこっそりとまた紙を取り出した。何かあったらすぐに隠すことができるように気をつけながら、インクが少し粘っこい四色のペンで色塗りを始めた。でもなんだか、こそこそしているのがばからしくなってきた。教師を自称する人間に見張られながら学んでいる動物なんて、地球上でほかにいるだろうか。

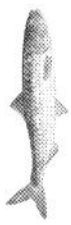

でも、いくつかの海の生き物と比べれば、僕なんかまだましなのかもしれない。生まれたときから自分の親に追いかけ回される魚もいるのだ。カタクチイワシは、産んだばかりの卵と餌になるプランクトンを区別できず、産んだ卵の二十八パーセン

シタビラメの変態

トを食べてしまう。ノーザンパイクはもっと辛抱強いとはいえ、子どもがもう少し成長したところでやっぱり食べてしまう。それだけでなく、産卵からしばらく経つと、つがいのオスを食べてしまう。だが、こうした行動は進化を経ても生き残り、種の生存に役立っている。産卵で消耗した魚は、生き延びるために、犠牲を払わずに手に入るカロリー源が必要になる。丸々とした卵や疲れたオスは、いつもの餌より栄養豊富だ。

ヨーロッパカジカは、山中の小川の底に住むずんぐりした魚だ。この魚は、産卵を成功させつつ親も生き延びるという二つの課題を別の賢い方法で解決する。メスは洞窟で卵塊を産み落とすのだが、それを守るのはオスの担当だ。卵を守るため、オスは一カ月ものあいだ何も食べない。空腹に耐えられなくなっても、卵塊からいくつかの卵をちびちびと食べるだけで、卵塊をまるごと食べてしまうことはけっしてない。そのため、それぞれの卵塊から、つまりそれぞれのメスから、必ず稚魚が産まれ、次の世代の遺伝的多様性が保たれる。

シロワニ[*2]はより過激な戦略をとる。シロワニは卵胎生である。つまり、子どもは卵からかえるが、それが行われるのは母親の子宮のなかなのだ。出産までは子宮のなかで成長する。しかし、栄養を与えるためのへその緒はない。より攻撃的な戦略によって栄養を摂取する。シロワニは、一匹のメスが複数の異なるオスとつがう。したがって、メスは複数のオスに由来する何十もの胚[*3]をもつことになる。最初に産まれた子、つまり他より強い子は、自分の異父兄弟を子宮のなかで食べてしまい、次にまだ孵化《ふか》していない卵も、さらには未受精卵も食べてしまう。十分に強くなり外界に出る準備ができるころには、体長が一メートル近くの子が一匹か二匹生き残っているだけである。子宮内での兄弟間の争いによって、最も丈夫な胚だけが、つまり最も生き残る可能性の高い者だけが残るのである。

もっと穏やかな、僕たちと似たような子ども時代を過ごす幸福な魚たちもいる。

魚の親の多くは卵を守って子どもの面倒を見る。魚の世界では、オスが子どもの面倒を見るのが普通だ。オスたちがとても献身的かつ熱心にこの仕事に取り組んでいるさまは、僕たちの社会より先進的で、ひとつの手本になるかもしれない……。ランプフィッシュは冷たい海に住むまん丸の魚で、赤い色や黒い色の卵はキャビアの代用品として売られている。ランプフィッシュのオスは比較的浅いところに海藻でつくった巣のなかで、つがったメスの卵に空気を送りこむ。腹部の吸盤で近くの岩にくっつき、六週間から七週間のあい

*2　全世界の温帯・熱帯の海に生息するサメの一種。
*3　多細胞生物の発生初期の個体。

だメスの産卵に寄り添って孵化まで見守る。タンガニーカ湖のティラピアはそれ以上に献身的な親である。子どもたちを守るために、口のなかで卵を受精・孵化させ、そのまま育てる。子どもたちは、親が口にした食べ物を摂取する。タツノオトシゴは、オスの体内にある育児嚢《いくじのう》にメスが卵を産みつける。オスが体内で卵を受精させ、何百匹もの赤ちゃんが産まれて花火のように泳ぎ去っていくまでかくまうのである。

数こそ少ないが、家族で生活する魚もいる。たとえばクマノミは、イソギンチャクのなかで奇妙な家族を形成する。クマノミの家族は両親とその子どもで形成されるが、産まれる子どもはすべてオスである。メスが去ると、そのパートナーだったオスがメスになり、子ども世代の最年長のオスが今度は夫となる。この現実に合わせていたならば、あの有名なアニメーション映画の筋書きは別のものになっていたかもしれない。

生涯のあいだに性別を転換する両性具有の魚はたくさんいる。性転換という、よく社会で議論される話題について言えば、海の住民はより柔軟な考え方をもっていて行動もとても多様なのだ。魚介のスープの主役であるベラは、まず子どもがみんなメスとして生まれる。年をとるとオスになり、より鮮やかな体色と朱色の線が目立つようになる。しかし、一部のベラは性転換の際にオスの衣装をまとうことを好まず、メスの外見を保持する。そうすることで、他のオスがメスをめぐって争っているあいだに、警戒されることなく本物のメスに近づくことができる。地中海の岩場を旋回しながら堂々と闊歩するベラの様子は、とても陽気で色鮮やかなショーだ。ひとたび何かが起きると、どこからでも駆けつけてきて、サーカスの曲芸師のように旋回する。海に潜り、そんな彼らをうっとりと眺めながら、僕は考えた……。

「連絡帳を出しなさい！」不吉な声が響き、海のなかの夢からむりやり僕を目覚めさせた。今回は捕食者が勝ってしまったようだ。「二時間の居残りです！」

自由を奪われた状態で閉じこめられて過ごす水曜日の午後……子どもにとってこの居残りの罰より残酷なものがあるだろうか？　僕はぼんやりしていたせいで、三角形の角度について学ぶ代わりに絵を描いていたせいで、罰を受けた。暗い空っぽの教室にはおしゃべりしていたせいで罰を受けている仲間もいた。人生とはどんなものか教えようとする人たちにとって、最大の罪はおしゃべりすることとぼんやりすることらしい。

しかし、何かを学ぶためにはコミュニケーションが不可欠だ。文明を生みだし、存続させるための基礎となる。

タコはこの惑星の動物のなかでも最も知的な存在であり、とりわけ無脊椎動物のなかでは最高レベルの知性をもっているといえるだろう。タコの頭脳は驚くほど高性能で、推論と演繹《えんえき》ができるのだ。ムラサキイガイ（ムール貝）やヨーロッパタマキビといった一見しただけではむしろ鈍いと思われる軟体動物の仲間のなかでは、きわめて例外的な進化を遂げた存在である。すぐれた思考能力だけではなく、驚異的な身体も備えている。きわめて柔軟であり、どんな小さな穴にも潜りこむことができる。思いのままに体型と体色を変えることができ、八本の腕には神経系の一部も見られる。その腕がもつ知性と敏捷性《びんしょうせい》を精巧なロボットアームで再現できるのか、人類を試しているかのようである。この強力な武器によってタコは地球を支配する種になってもおかしくなかった。なんといっても水中に住んでいるので、地球の面積の約七十パーセントを、自分たちの文明を築くために自由に使うことができるのだから。

しかし、タコはそうはならなかった。少なくともいまのところは。その理由は、タコが知識を伝達する方法にあるのではないだろうか。タコは生涯を通じて知識を獲得しつづける。そして、逃げるために捕食者に擬態したり、防具として貝殻を用いたり、食事をとるために呼吸を止めて陸地に這って上がるといった事実からもわかるように複雑な戦略を展開する。これまで、この頭足類はコミュニケーションをとることはできないと考えられてきた。いまやそうではないことが明らかになっている。タコは生き残るための知恵を交換し合い、腕を使った合図や体色の変化によって会話する。それだけではない。食べ終わった後の貝殻を積み上げてできたタコの街すら存在する。そこは、複雑な社会的相互作用によって統治されている。だが、タコ同士で知識を共有することはできても、次の世代に伝達することはできない。これは、彼らの生殖方法に起因する。

タコの生は、きわめて悲しく劇的な始まり方をする。卵が受精すると、オスは育児とは別のことを始めてしまう。メスは、産卵した洞窟にとどまり、岸壁に巻きついて白い鍾乳石のようになっている卵に新鮮な海水を送り、見張りもする。だが、タコの卵は孵化するまで時間がかかる。そのうえ、メスは卵を守るのに献身的なあまり、卵を産んでからは栄養を摂取できずに孵化する前に死んでしまう。タコのメスは自分の子どもと話すことができず、自分の知識を新し

タコ

い世代に伝えることもできない。そのため、若いタコは自分自身ですべてを見つけ、すべてを学ばなければならない。子どもを教育することが不可能だというその一点で、タコは、陸地を征服できず、都市や大聖堂、人工衛星による４Ｇ通信、ラッシュアワーの地下鉄《メトロ》、ソーシャルメディアについて交わされる議論、税金の督促状などといった文明の喜びを享受できないのだ。それは彼らにはよいことだったかもしれないが、残念なことでもある。タコが文明を築いていたならば、ノートルダム大聖堂には消火器が取りつけられ、パリの地下鉄ではインターネットが使えていたことだろう。

　タコとは反対に、ザトウクジラは子育てに長い時間をかけ、会話も頻繁に行う。この教育方法によって、文化と呼ぶべきものが形成された。ザトウクジラの集団はそれぞれの文化的特色をつくりあげる。集団ごとに特有の行動様式を維持し、観察と模倣によってそれを伝達するのだ。ザトウクジラは集団内で長年にわたって歌を伝承する。それぞれの個体が歌に節を加えたり少し変えたりすると、その変化が他の個体に共有される。こうして、まるで音楽のスタイルや言葉が進化していくように、ザトウクジラの歌は年とともに進化を続ける。ある旋律が現れれば他の旋律が消えるというかたちで移り変わるのだ。

　一九八〇年代、ニシンの群れが北アメリカ大陸東海岸沿いのメイン湾から姿を消した。水産加工業による乱獲が原因である。世界のいたるところで、ザトウクジラは自分たちの周りに泡を吐き出すことで網のようなものをつくってニシンを囲み、それからニシンを群れごと一気に飲み込む。ニシンがメイン湾から消えたとき、ザトウクジラは別の獲物へとターゲットを変える必要があった。目をつけたのはイカナゴだったが、イカナゴの群れは追いこむのが難しい。そこで、ザトウクジラは新しい技術を発明した。水面を尾で叩いて泡を発生させることで、イカナゴをさらに深く潜らせるという技術だ。それ以来、このクジラたちはイカナゴを狩るための技術を、世代を超えて伝えてきた。ほかの海域から来た「世間知らずな」クジラは、当然のことながらイカナゴの狩り方を知らない。メイン湾のほかのクジラに出会い、その技術を教えてもらうことで狩りができるようになる。先天的にではなく後天的に獲得された知識が、本能ではなく教育によって伝えられる。民族学者によれば、この知識の受け渡しこそが、クジラが文化を継承していることの証拠だという。

　しかし、僕は子クジラではない。そして、水曜日の午後を教室に閉じこめられて過ごしても、何も学べないし、何も身につかない。先生がどんな罰を考えているのか、いったい何をされることになるのか、それだけを考えていた。

　たいていの場合、僕たちは二時間かけて校則を書き写させられることになるか、ひどい場合には、校則の細目までやらなければいけなくなる。そんなことをしても、手だけを機械的に動かして、次はどうやって規則を破ろうかと戦略を練りはじめるだけなのに。でも、その日、先生は機嫌がよくて寛大だった。報告日誌を書くことに忙しい先生が言い渡した罰は、二時間かけて作文を書くことだった。テーマは「夏休み」。

僕は書きはじめたが、最初はいやいやだった。だって、夏休みが終わってしまったばかりなのに夏休みを思い出さなければいけないなんて、残酷な仕打ち以外の何ものでもない。ところが、言葉を紙の上に並べると、関係が逆転し、僕はだんだん言葉に導かれるようになった。絵を描いていたときのように。水面が照らされた入り江と、空の映った海の下で波打つ紫がかった緑の海藻と、ボラの遊ぶ姿を描いた。インクの文字だけを使って、トウゴロウイワシの半透明の群れと、イワシの青い背中と、ヒトデが規則正しく並んだ海底と、ウニがパチパチと立てる音を表現した。僕はいつの間にか、閉じこめられた教室から自由になり、自分で書いた宇宙へ泳ぎ出していた。今まで僕を苦しめてきた文法規則でさえ、いまや海の景色に調和して溶けこんでいる。国語の先生に繰り返し覚えさせられた文章技術が、生き生きとした姿で海の底に現れた。隠喩とは岩陰に隠れたタコのようなもので、婉曲表現とはアナゴが顔だけ出して洞窟に身を隠すようなもの。首句反復[*4]はタイが頭を並べているようなものだし、誇張法は水玉模様の小さなベラの威圧的な振る舞いだ。僕は、海がもつ詩情に心癒されるだけでなく、その詩情を海からすくいあげて紙にのせることができたことを誇りに思った。誰かに伝えられることが嬉しかった。

それなのに、残念なことに僕の思いはこの紙にしか伝わらなかったようだ。僕たちが作文を提出したとき、先生は機械的にその紙を重ねると、書いてあることを一文字も読まないまま、くしゃくしゃに丸めてごみ箱に捨てたのだ。

次の夏休みまで十カ月以上ある。教室を出ながらそう思った。でも、うれしいことに、寒くなればいずれクリスマス休暇がやってくる。僕は、夏とはまったく違うかたちで海の物語を聞くことができるだろう。なにせ、名前に「r」が入る月は海の幸の季節なのだから[*5]。

＊4　隣り合った節の先頭の言葉を繰り返すことによって、その言葉を強調する修辞技法のこと。
＊5　西欧では、9月から4月までの月のつづりにrが入る月が海の幸の食べごろといわれている。

5

貝と甲殻類

カキが好きじゃなかったとしても、
海の幸の夕食の席でカキの話をすることはできる。

エゾバイによって二千年もの探求に終止符が打たれ、
ユダヤ人の議論に決着がついた。

小エビの黒い目に、はるか遠くで輝く銀河が映っている。

5

貝と甲殻類

海の幸は、コリアンダーや癖のあるチーズ、リコリスのハーブティーといったものに似ている。好き嫌いが分かれるからだ。生まれたときからカキが好きなんて人はいないだろうが、ある年齢になると、心からカキが好きだという人、好きだというふりをしつつ、じつはビネガーでごまかしている人、大嫌いなのに我慢して食べている人に分かれる。

カキが好きな人のなかでも、ネットで調べると無数に見つかる、しばしば危険を伴う〝コツ〟に頼らずに殻を開けられるのは、ひと握りのエリートに限られる。

ところで、カキを心から味わっているかどうかはともかくとして、カキの殻を開くこと、それは本を開くことにどこか似ている。ミルフィーユのパイのように重ね合わされた貝に閉じこめられた海水の一滴、すなわち、岩のような殻の下に隠された真珠の宝が姿を現すのを拒んでいる。カキには海のざわめきと物語が詰まっているのだが、殻を固く閉ざし、なかなか僕たちと物語を分かち合おうとはしてくれない。

グルメたちが殻をむりやりこじ開けて中身を丸のみしている一方で、僕たちは、貝が自ら殻を開いて秘密のうちのいくつかを漏らしてくれるのを、静かにそっと待とうではないか。

外から見るだけでも、カキの殻は他のどんな貝の殻にも似ていないとわかる。カキの殻を構成している真珠層[*1]は生体鉱物、つまり生物によって生みだされた無機物だ。動物界と鉱物界の思わぬ結びつきによって、この並外れた財産がカキに授けられた。真珠層の九十九パーセントは炭酸カルシウム、つまり白亜でできている。だが、カキは、秘術を使って、暗い色のもろい白亜を丈夫で貴重な真珠層に変えるのだ。

真珠層の組成のうちの一パーセントは白亜ではなく、タンパク質を主成分とする接合剤である。カキは白亜を変質させるためにこの接合剤を使う。カキの技術の詳細はいまだに解明されていないが、白亜に無機塩を少しだけ加え、十ミクロンほどの大きさの「アラゴナイト」と呼ばれる板状の微細なカルシウム結晶をつくりだすことが知られている。続いて、「コンキオリン」というタンパク質をカキにしかわからない方法で介在させて、それらの結晶を接着させる。接着された結晶はアラゴナイト単体より三千倍も頑丈で、その結果、純粋な白亜より堅固になる。真珠層は色をもたない。構成する材料に色がついていないためだ。だが、太陽の光は一枚一枚の板状アラゴナイトに当たると反射する。アラゴナイトは非常に小さく、しかも等間隔で並んでいるため、反射した光線同士が相互に干渉しあう。その結果、太陽光は何色にも分光されて、貝の美しい虹色の輝きを生み出すのだ。光学者はこの色を構造色[*2]と呼んでいる。真珠層の物質それ自体に色はないが、その形状と構造によって光を分解することで、色素なしに色彩を生み出すことができるのだ。

　カキが絶えず真珠層を生みだしているのは、成長するためでもあるが、自分の身を守るためでもある。カキにしてみれば、砂粒が殻のなかに入るのは、靴のなかに砂利が入るようなもので、いらいらするし、わずらわしいし、何より苦痛だろう。そこで、砂粒を外に出すか、それができなくても、せめて苦痛を和らげるために、カキは砂粒を回転させて真珠層で覆う。砂粒は少しずつ真珠層に覆われ、丸い形になり、真珠になる。すべてのカキが真珠をつくる。市場に出回っているカキの殻のなかに真珠が見つかることはめったにないかもしれないが、ありえないことではない。真珠に関しては奇跡を信じてみてもいいだろう。カキは奇跡を起こすことができる。海の幸が盛られた料理皿の前で、その奇跡を信じるために、まずはカキの声に耳を傾けてみよう。殻をわずかに開きながら、実際にあっ

＊1　貝殻の内面の真珠光沢のある層。
＊2　光の波長またはそれ以下の三次元的な微細構造によって生じる発色。

た世界で一番大きな真珠についての物語を思い出させてくれるにちがいない。

それは、フィリピンの澄んだ水のなかで繰り広げられる、はるか遠くの物語だ。この緯度のサンゴ礁にはシャコガイが住んでいる。世界で最も大きい貝で、直径は一メートルを超える。この軟体動物の名前（bénitier）は、ルネサンス期に、探検家たちが教会で聖水（l’eau bénite）を入れるためにヨーロッパに持ち帰っていたことに由来する。[*3] シャコガイはいまでもこの用途に使われている。ある日、フィリピン南西部パラワン島海域のはずれのサンゴ礁のどこかで、砂粒がシャコガイの殻のなかに入り込んだ。砂粒を外に出そうとするシャコガイの努力は無駄に終わった。そこでシャコガイは真珠をつくることにした。真珠は大きく育ち、シャコガイの殻のなかの空間のほとんどを占めるほどになった。物語に思わぬ転機が訪れるのは、二〇〇〇年代のある夜、大嵐が起こったとき。沖に出ていた漁師が、サンゴ礁の岩壁に押し寄せる荒波のせいで海岸まで帰りつけなくなってしまった。漁師は海の上で夜を明かすことに決め、沖の底に錨を下ろした。翌日、静けさが戻ってから錨を上げた漁師は、錨が何かに挟まって引き上げられなくなっていることに気づいた。驚くことに、錨は巨大なシャコガイに挟まっていたのだ。そして、そのシャコガイには奇妙な螺旋形の大きな真珠の塊が入っていた。

とても貧しく迷信深いこの漁師は、真珠の何たるかは知らなかったが、何か神秘的なものであるにちがいないと考えた。そこで、家に持ち帰り、その真珠をベッドの下に隠した。それから十年間、この真珠が幸運をもたらすものと信じて、猟師は毎朝、漁に出る前にベッドの下の真珠を触った。漁はうまくいくこともあれば、うまくいかないこともあった。超自然的な存在に対する海の民ならではの信頼によって、漁師はこの魔術的な物体に見守られているとずっと信じていた。

十年が経つと、そのフィリピン人の漁師は引っ越すことになり、観光客向けの博物館で働いている叔母が荷づくりを手伝いに来た。叔母は真珠を見て仰天し、その甥に、鑑定に出すよう助言した。

この物語は、お金が幸せを運んできてくれたのかまでは教えてくれない。でも、フィリピン人漁師は、重さ三十四キログラム、二千万ユーロを超える価値があると推定される、世界で一番大きな真珠の持ち主になった。この真珠に魔力があると信じるのももっともなことだ。

＊3　フランス語では教会の入り口にある聖水盤をbénitierという。

何世紀にもわたって、フランスでは真珠は貴重なものだった。そのため、模造真珠がつくられるようになり、ヨーロッパの最も権威ある宮廷の装身具として使われた。模造真珠はカキに由来するものではなく、そもそも海に由来するものでもなかった。模造真珠の物語はある魚と関係がある。その魚とは慎ましい淡水魚で、パリのセーヌ川やリヨンのローヌ川に住んでいるコイ科のブリークだ。模造真珠をつくりだす方法の発明には、「千金に値する」というほどではなくとも「真珠に値する」といいたくなるほどの価値がある。

一六八六年、パリ近郊。メートル・ジャカンというロザリオ職人がいた。模造真珠のロザリオをつくるという商売は繁盛していたが、それにもかかわらず、彼は自分の商売について嘆いていた。実際、当時の商売敵《しょうばいがたき》と同じく、ジャカンは、水銀と鉛を混ぜることで真珠のように見せかけ、顧客の健康にとても有害なものを模造真珠として売っていたのだ。メートル・ジャカンも彼の顧客もそのことを知っていたのだが、それでも金《きん》にも等しい価格のこの人工真珠を人々は奪い合い、そのせいで、メートル・ジャカンは毎日失望感を募らせていた。

5
貝と甲殻類

あるとき、メートル・ジャカンは祝宴を開くことになった。彼の息子が、近所の薬剤師の娘、うっとりするような美貌の女性ウルスラと結婚するという。だが、メートル・ジャカンは呪われた恐ろしい瞬間が訪れつつあると感じた。そして、その恐れていた瞬間は実際にやってきた。ウルスラが、結婚式のために有毒な真珠のアクセサリーをつくってほしいと言ってきたのだ。

どうしていいかわからないまま、彼は解決策を考えながら長い時間を過ごした。セーヌ川のほとりを歩いていたとき、真珠の輝きを放つブリークの群れが目を引いた。

このロザリオ職人は、この魚の鱗が「虹色素胞」という細胞のなかに真珠と同じ板状のミクロ構造をもっていて、そのために真珠とまったく同じ玉虫色であるということを知らなかった。だが、彼は直感的に鱗と真珠の色が似ていると感じとった。のちに親族となる薬剤師の力を借り、アンモニアを用いてブリークの小さな鱗を保存し、蠟を満たした小さなガラス玉の中にそれを注入して模造真珠をつくるという方法を編み出した。彼はこの模造真珠を「東洋の真髄」と名づけた。ほどなくして、無害なのに虹色に輝くこの模造真珠は、ヨーロッパの宮廷が競って奪い合うものになった。

「東洋の真髄」を五百グラムつくるには二万匹の魚が必要だった。そのため、その後二百年にわたって、セーヌ川、ソーヌ川、ローヌ川のほとりの村々でブリーク漁が盛んになった。ブリークの鱗を挽くために、村々ではたくさんの水車が回った。

海の幸のプレートの上、カキの下には慎み深いタマキビが控えている。海の幸になぜタマキビが出てくるのだろうか？　タマキビには誰も手を出さない。中身をほじくり出すには映画『猿の惑星』に出てくる外科医のチンパンジーのような器用さが必要になる。しかし、それでもこの腹足類の山は毎回提供される。そのうえ、不可欠なマヨネーズがないこと、救世主となる楊枝もないことすらある。

エゾバイ[*4]も同じようなものだ。エゾバイほど興味を引かないものがあるだろうか。カキに触発され、今度はエゾバイが蓋を開けて語ってくれる。地中海にいるカキの親戚のエゾバイをきっかけに、世界中を舞台にゆうに千年を超える期間にわたって繰り広げられた謎解きが始まった。聖書と同じくらい古い謎解きだ。

これは旧約聖書に書いてある物語だ。「主はモーセに言われた。イスラエルの人々に告げてこう言いなさい。代々にわたって、衣服の四隅に房を縫い付け、その房に青いひも「テヘレットのひも」を付けさせなさい[*5]」。テヘレットは聖なる色だ。テヘレットは「真夜中のように黒く[*6]」、かつ「サファイアの敷石のよう[*7]」だ。「まさに大空のように澄んで[*8]」いて、緑色だ。「シラゾン」に由来するゆえにテヘレットは聖なる色であり、シラゾンは

「海に似ている」軟体動物であり、海は空に似ている。そう書かれている。

ヘブライ人は、何世紀にもわたって、シラゾンという軟体動物からテヘレットの色をつくりだし、衣服の房を飾り立てることに用いた。これは先祖伝来の儀式だ。神の贈り物を海から抽出し、ウールの房を聖なる色で染めるのだ。

しかし、軟体動物から色を取り出したのはヘブライ人だけではなかった。ギリシャ人とローマ人も、海に由来する色素、貝紫[*9]を用いた。ただし、これは神の贈り物ではない。ギリシャ人の物語では、貝紫を発見したのはヘラクレスか、あるいは、海岸の貝を嚙んでいるうちに唇が緋色に染まってしまったヘラクレスの犬だとされている。貝紫の色はテヘレットではない。ワインレッドに近い赤紫である。神の色ではないが、栄光の色であり、皇帝の色で、名望家の色でもある。

貝紫を一グラムつくるのに一万二千個ものアクキガイの殻が必要になるので、この色は金《きん》よりも高くついた。フェニキア人都市ティルスが誇ったこの取り引きのために、何百万

＊4　日本では「イソップ」と呼ばれることも多い。
＊5　日本聖書協会『聖書　新共同訳』民数記十五章三十七節～三十八節。
＊6　聖書の該当箇所不明。
＊7　日本聖書協会『聖書　新共同訳』出エジプト記二十四章十節。
＊8　日本聖書協会『聖書　新共同訳』出エジプト記二十四章十節。
＊9　アクキガイ科の貝の鰓下腺（さいかせん）から得られる分泌液を利用した染料。

ものセステルティウス貨が支払われた。貝紫は注目の的となった。そこでカエサルはすぐに、ローマ財政の立て直しの活路を貝紫に見出し、貝殻による染色を皇帝が独占すると宣言した。

テヘレットにも勅令が適用されたが、神への献身を示しつづけるために、ヘブライの染色職人たちは違法行為に手を染めるようになる。二世紀にわたって、テヘレットは闇取引の色となったのだ。エルサレムの通りでも、人々はこっそりテヘレットを身につけていた。どこから来たものかをみんな知っていたが、誰も何も言わなかった。ローマ人たちもまた、貝紫のために同じことをしたが見て見ぬふりをしていた。しかし、暴君ネロは、自分だけが貝紫を身につけられる存在であることを望んだ。ネロは海に由来するすべての色を禁止する法律を発布し、帝国中でその法律を暴力的に施行した。ヘブライ人は、この法律に絶望しながらも、諦めるほかなかった。

テヘレットの秘密は聖書に書かれることで残ったものの、時代が進むにつれてその製法は忘れ去られていく。シラゾンは、地中海のサンゴ礁で穏やかな日々を過ごすことができるようになったのだ。やがて、シラゾンがどんな生き物なのかを知る人間はいなくなった。

文明は移り変わり、ユダヤ人は世界中に散り散りになると、シラゾンが色とりどりの秘密を隠しもつ海岸からも遠ざかった。しかし、ラビたちはこの失われた色の存在を記憶していた。ラビたちは実際にはこの色の鮮やかさを目の当たりにしたことはなかったが、もう一度見ることができるように最善を尽くすことが信者としての務めだと思ったのだ。だが、聖書の記述だけではその務めを簡単には果たせない。そこには、その色は黒でも青でも緑でもあるように書かれているからだ。シラゾンについても、それが貝であり、「海に似ている」ということしかわからなかった。

　中世のスペインの偉大なラビ、マイモニデスは、テヘレットは明るい青色だろうという判断を下した。それ以来、北アフリカのセファルディム[*10]は、青い房のついた、祈禱用の肩掛け「タリート」を着ている。同時期、ブルゴーニュでは、ラビのラシがテヘレットを黒だと推定した。ヨーロッパ中部・東部に定住したユダヤ人、アシュケナジムは黒い房のタリートを着用している。

　しかし、聖書の記述を文字どおりに受け止めようとする人々の目からすると、海に似ていて、黒でも緑でも青でもある染料の原料となる軟体動物を探すための努力は成果を生んでいなかった。それまでには、シラゾンとはアサガオガイだと考えられたこともあった。アサガオガイは海のように青く、捕食者を遠ざけるために空色の水を吐き出すからだ。だがその色はただ青いだけで、緑や黒の要素はなかった。十九世紀になると、ラジナーとい

＊10　スペイン・ポルトガルのユダヤ人の子孫。一四九二年、スペインでキリスト教への改宗を拒否したユダヤ人に対して追放令が出されたとき、北アフリカ、イタリア、オスマン帝国に移住した。

うラビが、シラゾンはコウイカではないかと言い出した。実際、この頭足類は体色を海のような色に変え、海底の外観を借りて身を隠すことができた。コウイカの骨は、貝殻のようでもある。さらに、黒い墨を吐く。つまり、問題となるのは青だけだ。ラジナーはコウイカの墨から藍色を取り出す化学的処理法まで編み出した。

ところが、ようやくシラゾンの正体がわかったという喜びも長くは続かなかった。化学の進歩によって、青の色素はコウイカの墨ならではのものではなく、単にコウイカの墨に含まれる炭素原子が焼かれることでつくられると判明したからだ。つまり、有機物なら何であれ焦がしてからラジナーの処理法を用いれば、そこから青色を抽出できるのだ。シラゾンはコウイカではなかった。

ユダヤ教徒のなかには、シラゾンは神が何かの意図をもって人間の目から隠したのだと考え、ただ救い主だけが秘密を知ることができると結論づけた者もいた。

そんななか、一九七〇年代に、考古学者たちがアクキガイの殻でいっぱいの倉庫の遺跡をレバノンで発見した。それは研究者たちに新しい手がかりを与えた。貝紫を得るために奪い合いになっていたこの巻き貝が、隠された別の姿をもっているとしたら?

それは、縞模様の入った大きなエゾバイのような姿だった。ラビが博物館でその殻を見たかぎりでは、海には似ていない。とはいえ、この貝殻のなかの軟体動物が水中で海藻や小石に覆われていると、ごつごつした藻が生えている岩の海底のように見える。

おそらく、よく晴れたある日、ひとりの漁師が巻き貝の中身をすりつぶしたところ、その汁が初めは黒かったのが、次に緑色になり、そして青く変わるのを見たのだろう。こうしてテヘレットの秘密は明かされた。再発見されるには二千年待たなければならなかったが、一九八〇年代に化学者オットー・エルスナーが次のことに気がついた。太陽光の紫外線によってアクキガイの中身の色素は色を変え、青、黒、緑に変化する。こうしてシラゾンは再発見された。

歴史のさまざまな糸を編み直すことによって、世界中のユダヤ人の祈禱用の肩掛けは再び統一された。すべてはエゾバイのおかげだ。だが、このエゾバイの味を知っているラビはいないだろう。この海の幸を味わうことは旧約聖書によって禁じられているからだ。

殻を開けることができないカキと見逃されてしまうエゾバイだけでなく、海の幸のプレートの上には小エビもいる。

小エビがどうした、と思うかもしれない。だが、あなたは小エビがいかに奇妙かに気づいているだろうか？　小エビ一匹の殻をむくとき、殻のなかにある空間のことを一瞬でも想像したことがあるだろうか？

まず、小エビは骨格を体の外側に備えている。ほぼ毎月のようにその骨格は替えられる。新しい骨格が生え変わるあいだの数日間は、防御できない柔らかい状態になる。この時点ですでにおかしな存在だ。

小エビはすごくおしゃべりでもある。おもにお互いの触角を使ってコミュニケーションをとる。味覚と聴覚も触角にある。小エビたちにとっては、聴覚と味覚と言葉が混ざり合っている。

ところで、小エビの目がぎょっとするほど真っ黒だということに気がついているだろうか？

小エビの目は人間の目と大きく異なり、レンズを使って光を焦点に集められるよう透明になっておらず、完全に不透明である。しかも、この目は、内側が鏡面になっている微小な蜂の巣状の空間に光を吸収する仕組みを備えている。この小さな井戸によって、光は視神経をもつ目の中心へと集められる。小エビが信じられないほど性能の高い目をもっているのはこれのおかげだ。暗闇でも百八十度を見渡すことができる。

夜の海の底では、プランクトンが銀河のように光っている。小エビは、流れ星のように流れるクラゲを視界に収めながら、夢見がちにこの夜のショーに見とれている。

海は空に似ていると、聖書のなかでエゾバイが言った。[*11] ある日、人間は空を見るために小エビのまねをしようと考えた。それがＮＡＳＡの望遠鏡になった。小エビの目をモデルにして設計されたもので、夜間に、宇宙の果ての銀河から発せられるＸ線を観察する。

　しかし、海の幸のプレートの主役は小エビではない。それは、なんといってもロブスターだろう。最も凝ったこの高価な料理は、当然、音を立てずには、あるいはハンマーとドライバーと絆創膏なしにはいただけない。加えて、洋服にしみがつかないように、子ども向けのおかしなエプロンをかけてくれるレストランもある。

　でも、ロブスターはこうした手間に値する名誉ある存在だ。

　とはいえ、ロブスターは、いつも名声を博してきた

＊11　聖書の該当箇所不明。

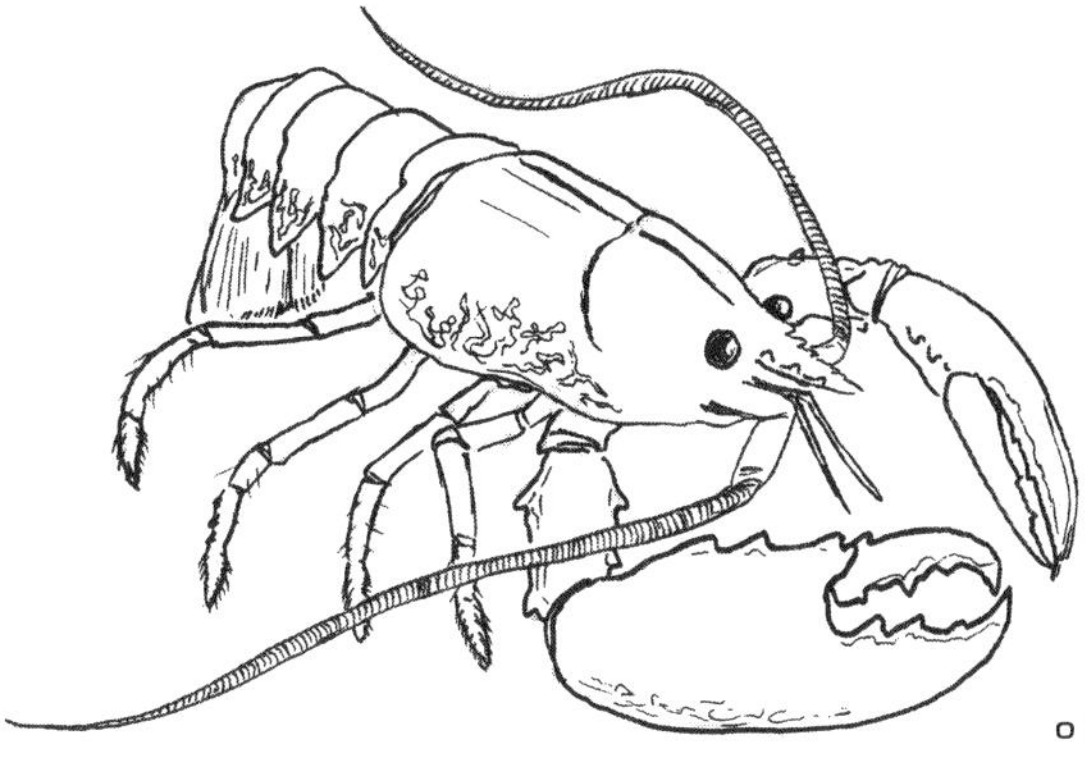

ロブスター

わけではない。巨大な昆虫に似ているため、長いあいだ美食家たちから無視されてきた。二世紀前のニュージャージーの囚人たちが喜んだのは、刑務所の管理者が彼らにロブスターを週四回以上与えてはならないと決定したときだった。

　この生き物は、親戚である小エビと比べても、なおいっそう奇妙であると言わざるをえない。毛の生えた脚は水を飲むことに用いられる。目の下についた触角から尿を排出する。ブンブンという音を発するとき以外は、この尿を使ってコミュニケーションをとるのだ。そして、海中の洞窟で、アナゴと共同生活を営んでいる。アナゴは食事の残りをロブスターに渡す代わりに、脱皮の際に捨てられる殻をむさぼろうといまかいまかと待っている。ロブスターは生きているあいだずっと大きくなりつづけ、はさみや脚や目を失うことがあっても、やがて脱皮する。この甲殻類は、危険を回避するために自分の手足を切断することさえできる。そして、次の脱皮のときに生え変わらせる。脱皮のとき、ロブスターは古い殻から出たあとで、新しい殻をつくるのに必要なカルシウムを補給するために、自分でその古い殻を食べるのである。

　ロブスターの肝臓は、しばしば腎臓や膵臓とともに供される、頭のなかの緑色の部分だ。美食家でも味わう人はそう多くはない。オレンジ色の部分は卵で、そこからカニのようにまん丸の愛らしいロブスターの赤ちゃんが生まれる。

ただし、そんなロブスターの天然の状態に、マヨネーズまではついていない。

ロブスターは奇妙なところが多すぎて、誰もがその話を信じてくれるわけではない。ロブスターは引っ込み思案で、夢見がち。たぶん、昔からの友人であるジェラール・ド・ネルヴァルのことを考えているだろう。ロマン主義時代の詩人で、秘教的・神秘的な詩を書いたネルヴァルは、発作に苦しみ、正気を失ったまま人生を終えた。彼はロブスターをペットにし、青いリボンの先につないで、パリの通りやカフェを散歩させていた。驚く通行人には「犬よりよほどいい」と落ち着き払って答えた。「ロブスターが好きなんだ」と詩人は語った。「ロブスターは静かで真面目で、海の秘密を知っている……しかも吠えない」

海の幸のなかでも、ムラサキイガイ（ムール貝）は、高級とはいえないが、おそらく最も多くの人に支持されているだろう。ムール貝の白ワイン蒸しにフライドポテトを添えて……考えただけでもゆったりと過ごすバカンスの波しぶきが浮かんでくる。この貝も話したいことがたくさんあるようで、自分たちの言葉をもっている。オレンジ色の身が特徴的なメスも、クリーム色の体をしたオスも、プランクトンを食すために、驚くことに一日に六十五リットルの水を濾すことができる。一方でムラサキイガイは、信じられないほどの接着力で岩場に貼りつくことで知られている。足糸《そくし》という、フッ素樹脂にもくっつくほどのとんでもなく粘着力が強い繊維の束の力で岩に貼りつくのだ。地中海沿岸に住んでいる世界で一番大きなムール貝が驚くべき話をしてくれるのは、岩に貼りつきながらのことだ。

地中海でダイビングをするたびに、尊敬すべき生き物と出会う。まるで昔ながらの友人であるかのように、行くたびに欠かさず挨拶する。ノーブル・ペン・シェルは付き合いの長い友だちだ。いまでも、琥珀の透明さを備え、時の流れによって赤い海藻で飾られ、金色に輝く、虫に食われたような穴だらけのこの驚くべき貝を前にすると、思わず止まらずにはいられない。

最も大きなムール貝であるこの貝は、ポシドニアという海藻が群生するなかにいる。赤く楕円状で一メートル

ノーブル・ペン・シェル

を超える大きな真珠層の殻が垂直に立っていて、その形はまさに「大きなハボウキガイ」という異名のとおりだ。

初めて見たときには、むっつり黙っているだけにしか見えなかったこの貝が金羊毛の伝説の起源にもなっているとは、とても想像できなかった。

ギリシャ神話では無視することのできないこの伝説は、イアーソーン王子が父の王位を継ぐために金色の毛をもつ羊の皮を手に入れなければならないという物語だ。波瀾万丈の長い旅路の途中で、当時の民間伝承に出てくる親殺しや、腹を裂かれたドラゴン、切り刻まれた子どもに出会う。戻ってきた羊を探すギリシャ神話の英雄と、深い海にいる巨大なこのムール貝との関係はぱっと見ではわからない。ヒマラヤの尾根でこの金羊毛の物語が貝殻から生まれたということもつけくわえておこう。もっとわからなくなるかもしれないが……。

この物語は、紀元前五〇〇年ごろ、中央アジアのバクトリアと呼ばれる地域で生まれた。バクトリアは、現在は国名の語尾に「スタン」とつく、「世界の首都当てクイズ」で勝敗の鍵を握ることになる、旧ソビエト連邦諸国のあるあたりだ。

ステップ（草原地帯）や、ステップに吹きつける砂でひりひりする冷たい風、霜をかぶり、商品を入れたかごの下で白い息を吐くラクダを想像してみよう。キャラバンを見逃さないオオカミに囲まれ、ハゲタカのように恐ろしい盗賊が迫ってくる。キャラバンサライ

（隊商宿）の砦が遠くに見えたとき、商人たちはどれほど安心したことだろう！

何週間も砂漠を旅したのち、商人たちはやっと、屋根があるところで焼きたてのパンにありつける。この商人たちは、地中海のギリシャの港、アンティオキアから来て、金の織物の包みを運んでいる。この旅が順調に行けば、この不思議な布は数カ月後に西安に到着する。まだ「中国」とは呼ばれていない、「セリカ」[12]の都だ。

どこかに滞在するたびに、商人たちが出会い、商談を進める。カルタゴの象牙を運んでいる商人もいれば、バルト海の琥珀を運んでいる商人もいるし、香料を運んでいる商人もいる。セリカの帝国から逆向きの進路をたどってくる商人もいる。セリカの商人たちは、アンティオキアから来たギリシャの商人が持つ布に興味津々だった。彼らのヤクには絹が積まれていた。

香がたかれた回廊で、ギリシャの商人が持ってきた布に興味を引かれたセリカの商人たちは、自分たちの布と並べるようにとギリシャの商人たちに提案する。セリカの商人は自分たちの布を誇らしげに説明する。これは大きな蛾によって生み出される絹でできている、幼虫が繭を編み上げるのだが、繭から高級な織物を紡ぐには長い工程が必要で、そのために値段がこんなに高いのだ、と。ひととおり説明が終わると、セリカの商人たちは、ギリシャの商人がアンティオキアから持ってきた商品を見たがった。

ギリシャの商人は、仏頂面でつまらなさそうな様子を装いながら、布地の包みを開けてみせた。そして、毎回のことだが、感嘆による沈黙の時間が流れた。

驚いて丸くなった目の下で広げられた織物は金色に輝いているだけでなく、ビロードのようになめらかで、柔らかいだけでなく丈夫でもあった。回廊は騒がしくなった。あちこちから織物を触るために駆けつけてきた人たちが、その輝きをひと目見ようとしたからだ。いや、それ以上に、その物語を聞こうとした。ギリシャの商人は、それに応えて、大げさな身ぶり手ぶりを交えながら、ときには聞き手が息をつけるように間をとりながら、金の布の物語を語った。

青い海の下に広がる大草原には、大きな貝が強い力で岩に貼りついて暮らしている。貝は岩に貼りつくために足糸を使っている。足糸はとても頑丈な小さな繊維で、嵐が来ようが、タコが引き剝がそうとしようが、耐えられる。毎年、潜水士がこの繊維を切りとりにやってくる。一束つくるためには何百個もの貝が必要だ。そして、雌牛の尿を使った秘密の処理法によって金の色合いが生まれる。長い時間かけてそれを織り、ようやく「海の絹」の巻物ができあがる。

織物はその質の高さでセリカの商人たちを魅了したものの、物語は説得力がなく、つく

＊12　古代ギリシャとローマの地理学でアジアの東方の国や地域を指す。

り話だと思われた。「貝の絹」といわれても想像できなかったのだ。そこで、セリカ人は別の仮説を考えだした。伝説で語られているように、この絹は、涙が真珠になるというセイレーンの仲間の髪ではないか？　あるいは、水かきのついた足をもつ羊が海から出ると岩に体をこすりつけ、それによって金色の毛が抜けたのではないか？　中国で見つかった多くの商人の記録に、この「海の絹」の起源に対する疑念が記されている。

　そのため、ギリシャ人はセリカの顧客を説得するために相手に話を合わせた。キャラバンでの旅の結果、軟体生物由来の糸だという物語を捨てて羊の物語をつくった。そのほうがよく売れたのだ。真珠貝の足糸は海の羊毛になった。やがて、ユーラシアのあちこちで、本当のところどこから来ているのかは誰も知らない、金の羊毛についての商談が交わされるようになった。こうして金羊毛の伝説が生まれた。

　それ以来、海の絹は聖書とロゼッタストーン[*13]に記されることになった。ローマ教皇や皇帝たちも身につけたこの金羊毛の伝説は、いろいろな時代の芸術家に着想を与えた。

　この物語を知ってから初めてノーブル・ペン・シェルを見たとき、沈黙しているこの貝が皮肉な微笑みをうっすらと浮かべているように思われた。岩に貼りついている単なるムール貝が伝説を生みだした。目もなく、声もなく、「プランクトンを濾す」とだけ説明すればそれですんでしまうようなわびしい一生を送るこの生き物が、中国にまで伝わる金の布の起源神話の作者なのだ。

この年長の貝の友人は、身動きひとつしないようでいて、遊び心を隠しもっていた！

しかし、僕が心を動かされたのは、もっと悲しい理由からだ。貝が殻を半開きにしているのは、その物語の悲劇的な結末を語るためかもしれない。貝は一度殻を開けると、閉じることができなくなる。海水温の上昇によって増殖した寄生虫が閉じるのを妨げるからだ。そのせいで貝はタコの思うままになってしまう。タコたちは、真珠貝のなかに入りこんで、海の幸のごちそうにしたくてたまらないのだ。

貝と共生している仲間であるカクレガニは、タコを見つけるたび、貝のエラをつまんで殻を閉めるよう促すのだが、それでも、この半開きの貝は長くはもたないだろうと僕はわかっていた。

一年間で、海岸沿いにいる貝の九十パーセントが死んでしまった。彼らはもう、寄生虫から隔離するために地上の水族館で飼われている仲間の無事を祈ることしかできない。

大量死の後に空っぽで見つかった、元々はこの地域の数少ない生き残りだった貝の殻を自分の家で見るたびに、この信じられない想像力をもつ軟体動物が物語を紡ぎつづけられるような、幸福な新しい展開が起こることを願わずにはいられない。

＊13　十八世紀にナポレオンの遠征軍がナイル川河口のロゼッタで発見した石碑。ロンドンの大英博物館所蔵。

海の生物がそれぞれの物語を語るとき、その裏には助けを求める呼びかけも隠されている。ＳＯＳ信号を解読するよう、僕たちに呼びかけているのである。

6

今日のおすすめ

深海はポリスチレンのトレイのなかで色をなくす。
タラの群れのせいでクリストファー・コロンブスの
名誉が剥奪される。
養殖サーモンを食べてもいいものか、ためらわれる。

6
今日のおすすめ

想像してみよう。オレンジ色のテーブルセットと、〈リカール〉[*1]のロゴのついたパラソルを置いた、よくある海岸のレストランが港にある。ウェイターがメニューを持ってくる。注文を決めるという恐ろしい手間さえなければ、レストランでの食事は最高の喜びなのにと思う。最終的には隣の人と同じものを注文することになる（僕のような）優柔不断な人たちは、だらだらと注文を先延ばしにする。これは哲学的な苦しみだ。ビュリダンのロバ[*2]になることを恐れつつ、退屈しはじめたウェイターのことも気にしながら、〈今日のおすすめ〉の書かれたボードを改めて読み直す。オードブルとメインのセットにしようか。メインとデザートのセットにしようか。せっかく海に来たんだし、魚にしようかな。

〈今日のおすすめ〉のボードにはこう書いてある。ドラド・セバスト[*3]の切り身にサフランライス……。

＊1　アニスなどで香りをつけたリキュールのブランド。
＊2　質も量も同一の二つの乾し草の束の中央に位置するロバは、どちらか一方を選ぶことができずに飢えてしまうというたとえ。フランス中世の哲学者ジャン・ビュリダンにちなんで、そう呼ばれている。
＊3　ドラドはヨーロッパヘダイ、セバストはモトアカウオを指す。

スコットランドの近海。水深五百五十メートルまで潜ると、人間の目では一面真っ黒にしか見えない。幸いにもモトアカウオの大きな黄色い目は、この暗闇のなかでもいろいろなものを識別することができる。皮膚は真っ赤だ。深海ではこの色もまた暗闇に同化して、すっかり見えなくなってしまう。モトアカウオの生き方を要約すると「相手に見られることなく相手を見る」とでもいおうか。モトアカウオはサンゴ礁の底で待ち伏せしながら時を過ごしている。

　モトアカウオは、これまでいろいろな出来事を見てきたことだろう。とても長生きなのだ。おそらくは百年以上生きる。深海という環境がそれを可能にしている。

　水温の低いサンゴ礁では、暗い海底に黒いサンゴが扇やレースのように広がっている。青白く柔らかい花のような冷水性サンゴ[*4]の枝や、半透明のヤギ[*5]、青いイソギンチャクが幻想的な風景をつくりだし、光る魚たちが鬼火のように泳いでいく。

　この水深では、日の光が届かないために植物は存在しない。植物による栄養分がないために、動物たちはみんなとてもゆっくり成長する。普通は褐虫藻を育てて栄養を得ているサンゴも、ここでは水流に乗って運ばれてくる微小な獲物を待つしかない。だからここのサンゴの枝は年に一ミリメートルしか成長しない。そんなサンゴ礁に生息する魚たちもまた、ゆっくり時間をかけて育つ。モトアカウオが成魚になるには二十年かかるのだ。

　長い子ども時代のあいだ、モトアカウオは、そののろのろした動きで、たくさんの危険を避けなくてはいけない。モトアカウオの子どもはアンコウの罠からの逃れ方も学ばなければならなかった。褐色でぶつぶつがある、ヒキガエルをぺしゃんこにしたようなアンコウは、変装する。一見しただけでは海底にいるアンコウを見つけることはできない。アンコウの頭飾り[*6]が発光しながら海底でゆらゆら揺れると、羽のおもちゃに猫が夢中になるように、若いモトアカウオの視線は簡単に引き寄せられてしまう。用心深さに欠けるモトアカウオは、頭の上の長い糸によってひそかにルアーを操っているアンコウに気がつかない。巧みな漁師であるアンコウは、モトアカウオが引きつけられているところを狙っていきなり口を開き、水流と一緒に飲みこむだけだ。

　四万二千年前、東ティモールの先住民は竿を使って釣りをすることを思いついた。だが、

＊4　水温四〜十三度の比較的冷たい海域に分布するサンゴ。
＊5　花虫綱ヤギ目に属する腔腸（こうちょう）動物（刺胞動物）。
＊6　餌を誘うために用いられる頭部の突起。先端には獲物を誘引する皮弁があり、ルアーの役目をする。

白亜紀の化石を見ると、それよりはるか昔、一億三千万年前に深海の闇のなかでアンコウが竿釣りをしていたのである。

　モトアカウオはアブラツノザメの大きな群れとも頻繁にすれ違った。体長一メートルほどのこの小さなサメは、猫のような緑色の目を持ち、銅褐色の腹部には真珠の斑点が見られる。泳ぎ方はゆったりとしている。とりわけ妊娠しているメスはそうだ。アブラツノザメは二年以上ものあいだ妊娠しているが、これは動物界でも最長で、ゾウより長い。「子犬」とあだ名される子どもたちは、母親の子宮から出るときには、すでにもうあらゆる面で親と同じ状態になっている。四十年前、モトアカウオが若かりし頃には何千匹ものアブラツノザメの大きな群れとすれ違ったことだろう。だが今日では、アブラツノザメの群れはもうあまり見られなくなっている。

　サンゴ礁の浅い場所、水深二百メートルほどでは、モトアカウオは見慣れない生き物とも出会う。ウミガラスだ。羽ばたきながら海中を飛び回り、餌をついばむために深海まで潜っていく。この静かなるペンギンといった風情の白と黒の体色の鳥は、歴戦の航海者でもある。年間を通して沖で過ごし、記録的な深さまで素潜りする一方、地上に戻るのは年に一度、絶壁の高いところに巣をつくるときだけだ。眼下に広がる海をわがものとするために初めて空中に飛び出す瞬間、ウミガラスは恐怖を克服するのだ。

しかし、一瞬のうちに、静かな深海にきしむような音が響き渡る。トロール網についた屑鉄がサンゴ礁を削り取る音だ。その驚くほど速い動きからは何も逃れることができず、泥だけを残してすべてを巨大な袋に収めてしまう。サンゴ礁をもう一度つくり直すにはポリプの手の込んだ作業を何千年もかけて行わなければならず、成長の遅いモトアカウオたちが元通りの暮らしをするには何世紀も必要だ。しかし、トロール網は繰り返しやってくるので、一度できた海底の傷跡がさらに年に十回ほどえぐられるのは避けられない。

甲板の上で波に揺さぶられながら、ナイロンの網からおびえきった生き物たちが吐き出され、すぐに選別される。サンゴ、迷子になったウミガラス、さらには商品価値のないものがあれこれうごめいている。それらはみな、航跡の白い泡のなかに戻される。手袋をつけた手が選り分けていく。不要なものは取り除き、残りは冷凍される。モトアカウオは白身の切り身にされ、「ドラド・セバスト」という[*7]誤った名前が書かれたラベルを貼られる。「ドラド・セバスト」のほうが客にとってはよりなじみがあるので、売り手もその名を好むのだ。ツノザメにも新たな名前が与えられる。この誇り高いサメは、頭も尾も切り落とされて赤い筒状になり、小さいサーモン《サーモネット》という馬鹿げた名前をつけられる。「魚のフライ」として食堂で提供され、子どもにしかめ面をさせるだけではなく、体内に蓄積された水銀を無垢な捕食者へと受け渡してしまう。アンコウは市場に並べられるにあたって恐ろしすぎる目に遭う。しっぽだけにされ、カワメンタイ[*8]という別の魚の名前をつけられる。モトアカウオの真っ赤なユニフォームもツノザメの群れの熱情もアンコウの狡猾《こうかつ》な企みも……トロール網のひとすくいで、すべては規格に沿った赤い魚肉の塊にされてしまう。人間はなんと創造的な生き物だろうか。

「今日のおすすめ」ではなく、アラカルトを見てみよう。タラのソース・ヴィエルジュがけ[*9]。他のよく知られていない魚よりも無難にみえる。タラは手堅い。骨のない白身が保証されてい

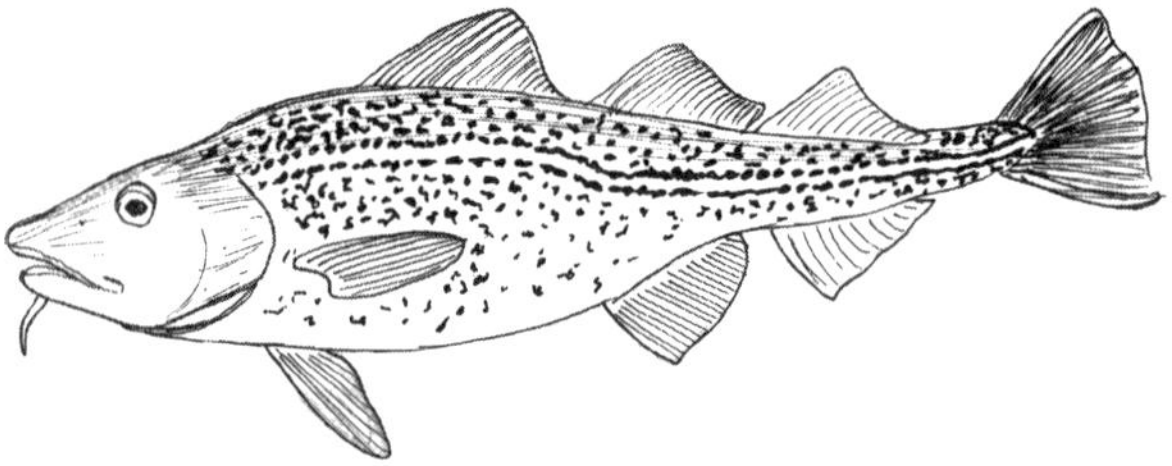

タイセイヨウダラ

るので、安心して選ぶことができる。

東に八千キロメートル以上行った中国では、ベルトコンベアで切れ目なく流れてくる魚の切り身に作業員が注射をしている。何を注射しているのかは企業秘密のため、作業員たちには知らされていない。じつのところ、注射されているのはリン酸塩である。作業員たちは、この魚がどこから来たのかも知らないし（北大西洋だ）、次にどこに行くのかも知らない。行き先はヨーロッパの市場だ。

このリン酸塩による美容ケアによって、真珠のように輝くタラの白い表面はいっそう魅力的になるし、また、ここで使われる労働力は非常に安価なので、航空便の長距離輸送も理にかなっているように見える。だが、この輸送で発生するカーボンアカウンティング（炭素会計）[*10]について考えてみるとどうだろう。海氷が解けるのを早めているだけだ。海氷が、その下で暮らすタラを守っているというのに。

＊7　セバストはモトアカウオのことを指すが、ドラドはヨーロッパヘダイというスズキ目タイ科の別の魚なのでモトアカウオとは関係ない。
＊8　タラ目の淡水魚。
＊9　オリーブオイル、レモン汁、みじん切りのトマトとバジルの入ったソース。
＊10　事業活動における二酸化炭素（CO_2）等の温室効果ガスの排出量およびその削減量を算定すること。

タイセイヨウダラは文明の盛衰に合わせてずっと旅を続けてきた。生まれ育った流氷を思い出させる冷凍庫のなかで、タラは自分の物語の最後のシーンを演じている。ヨーロッパの歴史と同じくらい長い旅の物語であり、アメリカを発見し、戦争と革命を引き起こした魚の物語だ。

　タラは北極圏周辺の寒い海に生息している。夜と氷に閉ざされた六カ月間、北極の冬を乗り切るために、大きな群れをつくり、夏のあいだに軟体動物と甲殻類を食いだめする。身に脂が乗っていてタンパク質も豊富なのはそのためだ。

　ヴァイキングはそれを知っていて、タラの漁と保存の方法を紀元一〇〇〇年ごろから確立していた。平たく切り、乾燥して塩漬けにすることでタラは「干しダラ《モリュ》」という名前になる。乾燥させることで重量の八十パーセントを失うが、カロリーはそのままで三年間保存できる。したがって、赤毛のエイリーク一世[*11]の船旅にはぴったりの食料だった。ヴァイキングはヨーロッパ沿岸部で略奪するのに必要なエネルギーを干しダラから補給していた。また、彼らがバスク人に干しダラのレシピを伝えたのは、ビスケー湾[*12]を荒らしていたときのことだ。

　その後、この食料は当時、敬虔なキリスト教信者であったヨーロッパ人の楽しみとなった。というのも、毎週金曜日と四旬節[*13]の期間には（肉食が禁じられているので）魚を食べるからだ。冷凍庫もフードデリバリーの会社もない時代だ。中世の終わり以降には、干しダラはヨーロッパ各地に輸出され、最も消費された魚となり、プロヴァンスのアイオリ[*14]、モリュ・ア・ローヴェルニャート（オーヴェルニュの干しダラ）といった干しダラのさまざまなレシピが、まるで氷河期であるかのように生きているタラが一匹も泳いでいない地域で生まれた。

干しダラの輸出はとても儲かることから、バスクの船乗りたちは、ヴァイキングの伝説で語られる巨大な群れを探しに出かけた。タラの群れは、大西洋のはるか西の未踏の地、「ヴィンランディア」と呼ばれる陸地の沖にいると信じられていた。こうしておそらくは一三九〇年ごろにバスク人はカナダまで干しダラを追いかけていく。着いたのは、ニューファンドランド島[*15]とノバスコシア[*16]だ。（どちらの地名にも「新」という意味が入っており）彼らは新大陸を発見したのだが、それ以上に大事だったのは、タラが信じられないほど獲

＊11　十世紀のノルウェーの国王で、グリーンランドの発見者とされる。
＊12　フランスのブルターニュ半島とイベリア半島とに挟まれる大西洋の湾。グスコーニュ湾ともいう。
＊13　キリスト教で復活祭の四十六日前の水曜日から復活祭の前日までを指す。
＊14　プロヴァンス地方には、茹でた野菜や干しダラ、その他のシーフードやゆで卵にアイオリソース（にんにくの風味の効いたマヨネーズ風ソース）を添えたグラン・タイオリ（grand aïoli）という料理がある。
＊15　カナダ東端にある島。
＊16　カナダ南東部、大西洋に突き出した半島。「新しいスコットランド」の意味。

れる漁場が発見されたということだった。この漁場の発見は秘密にされていた。当時、この漁場を記載している地図はごくわずかしかなかった。優れた漁場は共有されなかったのだ。百年後、クリストファー・コロンブスがカラベル船[17]で沖に出たとき、船倉はバスク人がアメリカで獲ったタラを原料とする干しダラですでにいっぱいだった……。

大航海時代の船乗りの日常的なメニューとして、干しダラは新しい植民地に広がっていった。アンティル諸島や西アフリカでは、アクラ[18]やチェブジェン[19]にして、今日でもなお好んで食べられている。ポルトガル人のコンキスタドール[20]たちは、干しダラを「忠実なる友」と呼び、ブラジルやカーボベルデ[21]に輸出していた。

干しダラの交易は世界的な関心事となった。ケベックとニューファンドランドという、この高価な魚が陸揚げされる隠れ漁場を掌中に収めるため、ヨーロッパ本国は四世紀にわたって戦争を繰り広げた。新大陸時代、船乗りたちは、白金色の「骨がないと保証された」タラの切り身で船倉をいっぱいにするために極地に向けて三本マストの船で旅立った。

独立初期のアメリカ合衆国にとっても、干しダラはひと財産を成す存在だった。マサチューセッツ州では、輸出品の筆頭であったために公式のシンボルのひとつとなり、木彫りの「神聖なるタラ」がボストンのマサチューセッツ州下院の議場に飾られている。この期間、フランスでは、干しダラの消費量が塩の相場をあまりに高騰させてしまったので、王が塩税を設けたほどだった。それが一七八九年のあの有名な革命を引き起こすことになる……。

二十世紀になるまで、取り引きされた干しダラの量はあまりに多く、限りなく豊かな海だけが生みだすことのできる、尽きることのない天の恵みにも思われた。漁の技術はヴァイキングの時代から変わっていなかった。釣り針を一列に並べ、大きな帆船で運ばれたドーリと呼ばれる小さなボートで漁をした。その後のエンジンと冷凍庫の発明が、金の卵を生むメンドリを、あるいは「タラの卵を生むメンドリ」を殺すことになる。というのも、海域に応じた釣り竿に代えてトロール網を使い、群れをまるごと捕らえるべくタラの住処を根こそぎにするようになったのだ。市場での競争力を高めるためには、つねに多く獲らなければならない。そのため、若い魚にも手を伸ばし、漁獲の一部しか消費されなかったとしても、市場を干しダラでいっぱいにしなければならなかった。無駄は利益の同義語だった。こうして、毎年二百万トンの漁獲量を続けることで、六世紀にわたって人類にそ

＊17　十四～十七世紀にかけて使われた帆船。
＊18　アンティル諸島の庶民料理で、肉、魚、野菜などを材料に調理される塩味の小さな揚げ物。
＊19　セネガルの料理で魚の煮汁で炊いたピラフ。
＊20　アメリカ新大陸に繰り出した征服者。
＊21　アフリカ西岸のベルデ岬西方沖にある国。

の恵みを供給してきた驚くべき豊穣さを誇る海の資源は、わずか十年でやられてしまった。

　タラの群れはもう二度と戻ってこない。タラの住処はロブスターに占領されてしまった。ロブスターはかつてタラの餌だったが、この状況の激変を利用して、タラの卵を食べるという復讐に走っている。そのせいで、タラの保護措置が邪魔立てされているのだ。

　今日、ニューファンドランドの沖に生息するタラはかつての一パーセント未満である。大西洋の別の場所でも大半は減少が続いている。というのも、タラはいまだにフランスで最も消費される魚だからだ。「骨がないことを保証する」という確かな価値ゆえに。この長旅の伝統を絶やさないためだろうか、こうしてようやく生き残ったタラの切り身は、空調完備の航空機で中国へと輸送され、添加物を加えられ、物語の悲しい結末とともに戻ってくる。

「お決まりになりましたか？」ウェイターが戻ってきた……。しかし、タラよりももっと体を元気にしてくれるものがほしい。夜は寒いし……。サーモンのタリアテッレはどうだろう？　クリームソースにしたら、とろけるようなおいしさだろう……。

6

今日のおすすめ

ぽつりぽつりと絶え間なく水が滴り落ちる音が毎日続き、ノルウェーのフィヨルド沿岸に響く。三月に降るあられのような音が一年中聞こえてくる。養殖用のかごに絶え間なく降り注ぐ細粒の立てる音だ。サケは何を食べるか迷わなくていい。朝も昼も晩も同じ粒状の餌だからだ。だが、サケは食欲が湧かない。というのも、サケの本能は、イカやカタクチイワシを追いかけることであって、粒の餌を食べることではないからだ。そこで、サケの意思に反して無理やり食べざるをえなくするために、フェロモンのにおいでくらくらするように味つけされた粒の餌を、これでもかこれでもかと投げこむ……。囲いのなかには十五万匹のサケがいて、とんでもないカオスの中で、まずい餌でお腹を満たしている。

顆粒の餌は、湾の底のサケの周りを埋め尽くし、ひどい悪臭を漂わせている。網に引っかけてヒレにできた小さな傷も、この濁った水のなかではすぐに悪化してしまう。サケは病気を抱えたまま日々を過ごす。ただし、火曜日は別だ。火曜日には抗生物質が投入され、サケの健康状態が突然よくなる。火曜日にどういう意味があるのか、サケが本能で知っているはずはない。しかし、サケにとって火曜日は、若返り治療の日なのだ。

西からの波がフィヨルドに押し寄せると、養殖用の囲いも、めまいや吐き気がするほど大きく揺れる。ひときわ高い波が押し寄せると、反射的にサケは宙に飛びあがり、網の外側に落ちる。サケは、これまで知らなかったピュアな水を少しずつ知り、水の流れに乗ることで、もっとほっそりとした野生のサケと出会い、光沢のあるプランクトンと虹色のクシクラゲの渦のなかで、カタクチイワシというごちそうに一緒にありつく。

しかし、この深い海の新しい世界には、「火曜日」はない。抱えていた病気があらためてサケを蝕《むしば》み、真菌症で生じた毛の生えたような斑点は、この有害な菌に対する防御策をもたない他のサケにも伝染する。だがおそらく、そのサケはそこでも生き残るだろう。春になると、自分が生まれた川に戻り、そこでまた新たな命を生みだすために、思い出に満ちた元の流れを遡りたいという本能的な欲求を感じる。だが、そのサケは小川の中ではなく、プラスチックのバケツのなか生まれだ。したがって、自分が生まれた場所であるポリ塩化ビニールのにおいを見つけることができず、養殖池のサケは迷子になってしまう。くやしい思いをしながら、自分がどこで生まれたかを知っている他のサケを追いかけることになる。そして、仲間と一緒に網や「やな」にも引っかからず流れを遡り、未知の川へ誘導され、そこでまた恋に落ちる。こうして新しい世代の養殖サケがこの世に生まれる。この新世代のサケもまた、親と同様に途方に暮れて、おそらくは海にたどりつけないのだ。

「申し訳ございません。タリアテッレは最後の二皿をお出ししてしまったところなんです」ウェイターは恥じいった様子を装いながらため息をつく。それなら選択肢はひとつだ。

「ローストチキンをください」

ペルーの沖では、網が数キロメートルにわたってアンチョベータ（ペルーカタクチイワシ）の群れを吸いこんでいく。そのなかには何頭かのイルカとマンタもまぎれこんでいる。一度に千六百トン、これは利益になるだろう。網で魚がつぶれてしまったとしてもかまわない。アンチョベータを味わって食べる人はいないからだ。骨が多く脂肪分が苦いことからアンチョベータは僕たちの食卓にはのぼらない。ただし、巨大な群れで生活しているというのは都合がよい。陸揚げしてから粉末にされたアンチョベータは、養鶏場のニワトリの飼料となるのだ。

7

魚の絵を描いてみよう

魚のフライにしゃべらせてみる。

アンチョビのことが気になりはじめる。

魚介のスープには、
海を守るために古代人がつくった取り決めが含まれている。

7

魚の絵を描いてみよう

「魚の絵を描いてみよう」、フランスの小学校で行われた調査でこう呼びかけられた子どもたちの大半が描いたのは……長方形だった！　子どもたちにとって、魚とはキツネ色のフライの衣をまとって冷凍庫に住んでいる長方形の物体だったのだ。しかも、その長方形には生物多様性がある。食堂には、小さな棒の形をした別の種の魚が住んでいるということになっている。[*1] 八歳から十二歳までの九百十人の児童を対象にした調査によると、そのうちの二十パーセントが、テレビで見る「魚」と呼ばれている生き物と、食卓で見る「魚のフライ」と呼ばれている食べ物を頭のなかで結びつけられないという。

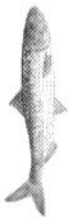

スーパーマーケットの魚市場では、海の物語は通りから聞こえてくる騒音にかき消され、商品のラッピングの分厚さにもさえぎられ、聞こえなくなってしまう。都会では、人間と

＊1　フランスでは小さなスティック状の白身魚のフライ（冷凍食品）がよく売られている。

食べ物のつながりの本来の姿は見失われている。でもこのつながりは、食物連鎖のつながりであり、捕食者と餌を結ぶ自然界の強いつながりでもある。現代社会では、僕たちは自分が食物連鎖のどこに位置しているのかわからなくなっている。僕たちは、自分が何を食べているのかも、食べ物がかつてはどんな姿だったのかも、よく知らない。食べ物の原料がもともとは生きていたということすら、忘れかけている。工場で食品に加工される生き物のことも、それが以前は生きていたのだということも。食べ物が語る物語は、パッケージに表示されたカロリーを示す数字よりはるかに重要なのに、その物語が聞こえなくなってしまっているのだ。フランス語では、寿司に使われる魚は一匹ずつ数えられる魚（un poisson）ではない。あくまで集合名詞としての魚（du poisson）であり、抽象的な薄切りの一片にすぎない。[*2]二枚の三角形の食パンにはさまれたサーモンの薄い切り身は、まるで猿ぐつわでもはめられているかのように話すことができない。みんな、サーモンの話に耳を傾けることもなく、時間に追われるようにサンドウィッチを急いで食べ、ひと口ごとにせわしく水を飲む。

　ピザの上にのっているアンチョビ[*3]は、ケッパー対オリーブの論争と似たような問題を引き起こす。塩味を好む人もいれば、塩味を嫌って遠ざける人もいる。あなたがどちらの陣営に入るかはひとまず置いておくとして、そもそもアンチョビについて考えたことがあるだろうか。広大な海中で揺らめきながら前進する、青くて細いラインが入ったきらめく魚の群れについて……。この群れが海のすべてを支えているといっても過言ではない。家畜の飼料にもなるこの魚の膨大な生物量《バイオマス》*4によって、イルカやマグロやクジラが養われている……。膨大な数の海の生き物がカタクチイワシを食べてカロリーを得ているのだ。あなたは、カタクチイワシの神秘に思いを馳せたことがあるだろうか。

カタクチイワシは奇妙な頭をもっている。口が耳の後ろまで裂けているせいで、人形劇の人形のようにも見えるが、この口のおかげで海水を濾過してプランクトンを食べられる。そして、カタクチイワシの大きな鼻には、まだ解明されていない感覚器官が存在する。吻《ふん》の器官は視覚神経につながるニューロンが詰

＊2　フランス語には不定冠詞と部分冠詞があり、不定冠詞をつけた「un poisson（一匹の魚）」という表現は、魚を一匹、二匹と数えられる場合に用い、部分冠詞をつけた「du poisson」という表現は魚を数えられないものとして扱うときに用いる。

＊3　カタクチイワシを塩漬けにしたもの。

＊4　特定の時点においてある空間に存在する生物の量。

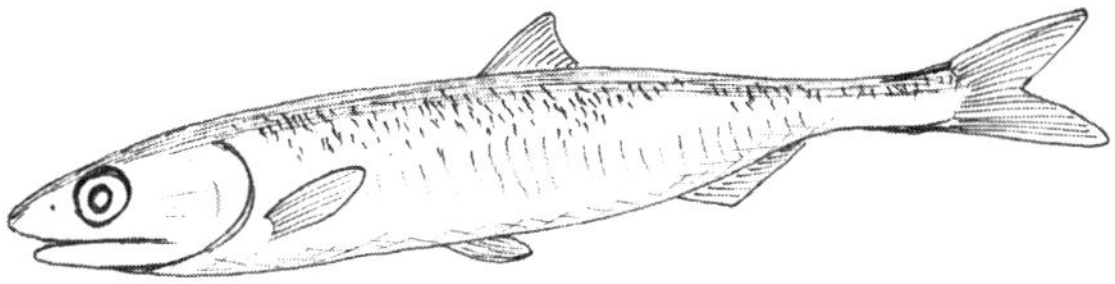

カタクチイワシ

まったゼラチン質の塊であり、カタクチイワシはこれによって電界を知覚しているらしい。ところで、そんなカタクチイワシと僕たちフランス人のつながりを示す長い歴史を知っているだろうか？　たとえば、ローマ人が魚醤《ガルム》に熱狂していたことを。ガルムはカタクチイワシを塩漬けにしてつくられる調味料であり、とても特別な（じつはぞっとするほどまずいが、ここでは遠回しな表現にとどめておこう）、純度の高いニョクマム[5]のような調味料だ。ローマ人は、この調味料を一リットル買うために、現代の百ユーロに相当する金額をセステルス硬貨で支払っていたという。歴史家によると、ユリウス・カエサルが僕たちの国、フランスにまで進出してきた理由のひとつは、南ガリア[6]におけるガルム生産の拠点を防衛するためだったようだ。あるいは、カタクチイワシについての最近の逸話を知っているだろうか。２００５年、ガスコーニュ湾のカタクチイワシは、その資源量の減少にもかかわらず操業継続を主張するフランス人漁師たちの圧力によって危うく完全にいなくなってしまうところだったが、スペイン人漁師の資源保護活動によってかろうじて守られた。漁獲量を制限する措置によって保護が推進されたことで、カタクチイワシの資源量がどれだけ回復したことだろう。海の豊かさのおかげで、カタクチイワシの生活が取り戻され、多くのクジラの群れや魚の群れがガスコーニュ湾に戻ってきた。このような過ちは他の湾でも繰り返されている。世界中で年に六百二十万トンのカタクチイワシが水揚げされているが、この数字は、カタクチイワシの二匹に一匹が漁獲されていることを示している。

7

魚の絵を描いてみよう

僕たちの社会は、人間だけでなく魚たちも黙らせてきた。僕たちはあまりの無関心から消極的になった。複雑な世界に圧倒されている僕たちは、誰もが立ち止まることもできずに時間に追われている。スーパーマーケットの冷凍食品の棚にある大量のメルルーサ[*7]は、まるで、パリ近郊のラ・デファンス地区[*8]で、スーツにネクタイ姿で働く何百人ものビジネスパーソンのようだ。僕たちは、メルルーサを本来の姿とは異なる色のパッケージでくるんでしまう。ビジネスマンたちと同じように、メルルーサも、自分で選んだわけではない役――海で泳いでいる姿ではなく、切り身として売られている姿――を演じなくてはいけない。僕たちはメルルーサに「どこから来たの？」「誰なの？」と尋ねることもなければ、メルルーサに話をさせてあげることもなく、その話を聞くこともない。

＊5　小魚を塩漬け発酵させてつくるベトナムの魚醤。
＊6　現在のフランス、ベルギー、オランダ、スイス。
＊7　タラ目メルルーサ科の海水魚。
＊8　パリ西郊の都市再開発地区。現代的な街並みが広がっている。

でも、海の物語に耳を傾ければ、僕たちはその物語の執筆に参加し、結末を選び、話のなかに入りこんで役を演じることができる。僕はたくさんの海の物語を聞いてきた。なかには悲しいものもあった。冬の盛りの時期、まさに繁殖しようとしているときに巨大な遠洋漁業用のトロール網に群れごと捕らえられるスズキ、しかもその際、同時に何十匹ものイルカが甲板に打ち上げられるという……。あるいは、世界の魚の三十一パーセントが乱獲されて滅びゆく途上にあるという話。いずれも不幸な物語だ。そしてその物語のなかでは、役人や圧力団体が厚かましくも漁業権を主張して海を私物化し、最後の一匹まで魚を乱獲しようとしている……。だが、美しい物語もたくさんある。ブルターニュの小さな港では、熱意ある釣り人たちがカモメを追って、漁師を生かしている自然のいろいろな要素に敬意を払いながら、岩や岩礁の上でポラックを釣り上げる。工場で四角く加工されてしまうスケトウダラの切り身にも、凍った海で科学者と漁業者が協力し、資源を尊重しながら水揚げしたことを示すラベルが紙箱に貼られたものがある。人間は、自分たちでは完全には制御できない貪欲な機械をつくりだす一方で、未来を予測したり、過去に賢者が見つけた原理を再発見したりしながら、海を保全する手段を生みだしている。

7

魚の絵を描いてみよう

耳を澄ませば、魚のスープにも物語があることがわかる。地中海の港町には、それぞれオリジナルスープのレシピがある。サフランを多く入れたり、白ワインの量を少なくしたり、アニスをたくさん使ったり。あるいは、煮こみ時間を長くしたり、リーキを入れたり……。ここでは、僕のオリジナル・レシピは明かさないでおこう。話が長くなるし、秘密にしておきたいから。でも、どのスープのレシピにも共通しているのは、岩礁に住むたくさんの種類の魚を使ったほうがいいということ。ヨウ素を含んだ上質のレインボー・ラス、繊細な味わいのピーコック・ラス、海藻の風味がするバラン・ラス（いずれもベラの仲間）、香りの強いカサゴ……。「料理人の王」であり「王の料理人」でもあり、クレープ・シュゼット[*9]とピーチ・メルバ[*10]の発案者でもあるオーギュスト・エスコフィエは、スープをつくるには少なくとも六種類の魚を用意する必要があると語っている。だが、余ったものを有効活用できるスープには、もっと多くの種類の魚を入れる料理人が多い。スープ

＊9　クレープをオレンジソースで煮たフランスのデザート。
＊10　バニラアイスクリームの上に桃のコンポートをのせ、ラズベリーのソースをかけたデザート。

に多様な具材を用いるようになったのは、地中海の小規模漁業者が、理想的な豊かさを誇る水産資源を五世紀にわたって共同で保護することを可能にした、ある方針を採用してきたためである。

十五世紀以降、地中海の漁港は「プリュドミ（prud’homies）」と呼ばれる漁師の共同体を発展させた。仲間内から選ばれた、制裁権のある漁師が沿岸漁業を管理・規制する組織だ。漁師たちは、海はみんなのものであり、連帯と漁船の非武装化と分業によって海産物を公平に分配できることを、人類が地動説にたどりつく前から知っていたのだ。この組織の創設理念はシンプルだ。必要以上に魚を獲るべきではなく、また海が与えてくれる以上に獲ってはならない。破壊的な競争が起こらないように、それぞれの地域にいる良識ある専門家たちが海産物を分配するための規則を定め、環境を破壊する設備の導入を禁止した。そして、特定の種を集中的に乱獲することで生態系を混乱させないために、また一部の漁師だけが際立って有利になってしまわないように、さまざまな漁法で、さまざまな種類の魚を獲ることが定められた。こうして、魚介のスープにはさまざまな種類の魚が少しずつ使われるようになった。おかげで、スープという料理が豊かな味わいをもつようになっただけでなく、資源も保護されるようになった。フランス国内であれ海外であれ、昔ながらの規則に従わない工業的漁業を補助・振興することによってプリュドミの影響力を削《そ》ごうとする機関もあったが、このプリュドミの仕組みは現在でもまだ存在している。プリュドミの構成員は、職人的な活動を続け、かつて尊重されていた原則をいまでも大切にしている。プリュドミの自主的な活動を禁止しようとする経済的・官僚的圧力があったにもかかわらず、彼らは生き延びてきた。幾多の困難があったにもかかわらず、海と伝統を大切にしようとする彼らの気持ちは変わらない。地中海の港では、プリュドミの伝統的な船「ポワンテュ」を見ることができる。ポワンテュのカラフルな見た目は印象的だ。かつて存在した調和の記憶は、希望でもあり、忘れられた種のようなものでもある。僕たちは、調和の原理の実践が再び花開くのを見ることができるだろう。

　僕は、海の生き物たちの生活とそこに隠れている秘密を何度も目撃することができた。海のなかで実際に繰り広げられている魚たちの生活の物語を聞けるなんて、なんて幸せなんだろう。たとえそれが商品からであったとしても、料理からであったとしても、あるいは海の彼方から直接聞こえてくるものであったとしても。その生き物たちがどこから来たのか、どんな生活をしていたのかに思いを馳せて食品の起源に関心をもち、トレイにのせられた生き物たちに興味をもち、彼らの生活を想像することは、切れてしまった自然とのつながりを再び取り戻すことでもある。そして、食物連鎖のなかで僕たちがいるべき場所

を見つめ直し、この世界で僕たちがどんな役を演じるべきなのかを理解することでもある。そうすればおのずと、自然界に対する尊敬の念が湧いてくるはずだ。

生態系において自分の居場所を取り戻すことには、とても自然な喜びが伴う。たとえば、ウニを拾ったり貝殻を集めたりすると人間の原初的な本能がよみがえり、脳が僕たちにその本能に従うよう促してくる。子どもたちがイースターエッグを集めたり、若者たちがポケモンを必死に集めたりするのと同じ種類の喜びが伴うのだ。ところで、この喜びを、僕たちの先祖の脳によってつくりだされたときの当初の枠組みのなかに置き直してみよう。つまり食物連鎖のなかに。人間の本能は、僕たちがまた同じ場所に戻ってこられるように、そしていつまでもその場所を使えるように、一カ所で食料を採集しすぎないように僕たちを制御する。資源を保護させ釣り場を守らせる。店は僕たちにもっと物を買わせようと急かしてくるが、反対に自然は僕たちにもっと物欲を控えるように促してくれる。生態系のうちで自分たちがいるべき場所や、自分たちが演じている役割を意識することによって、生態系を守ろうという気持ちが湧いてくるはずだ。

僕を自然界と結びつけているこの根っこを再発見するのは難しかった。その根っこは、大都市のアスファルトになんとか穴を開けようと必死になっている。壁と道に囲まれたこの大都市で遠くに行かずに人間と他の種とのつながりを垣間見るには、どこに行けばいいだろう？　僕は海の物語を学び、それを語ることで自然への愛を誰かと共有したかったが、都会は僕を絶えず自然から遠ざけ、世界から疎外させる。都会では、工事現場以外では土を見ることがない。空も、建物の隙間からしか見ることができない。外を歩くことも少なく、行き交う自動車が吐き出す排ガスを吸うだけだ。人に話しかけるときも、携帯電話の電波を通じて会話することになる。

　どうやら僕たちは、空間における自分たちの位置を見失ってしまったようだ。僕たちに残された感覚といえば、時間の感覚だけ。だが僕たちはもう、時間すらもきちんと感じられないかもしれない。感じられたとしても、もはやストレスにしか思えないのかもしれない……。

　幼いころの僕は、水中の旅を夢見ていた。洗面台の穴へと水が流れるのを見て、その雫が水道管のすべり台をくぐりぬけ、海に流れていく様子を想像していた。まるで、水が洗面台から逃げ出しているようだった。

　水と一緒に糸を排水口に流してみる。その糸をたどっていけば、海か、少なくとも川にたどりつけるのではないかと考えていた。細い糸を配水管に流せば、イヌイットが氷に穴を開けて釣りをするときのように、遠くの魚や宝を自分の家に釣り上げられるのではないかと想像していた。この釣りの夢想を実現するために、僕は両親にねだって糸巻き何個分かの糸を買ってもらった。

都会の真ん中にいながら、自然界で居場所を確保するにはどうすればいいのか。僕はその方法を見つけることに何年か費やした。通りの騒音に負けずに魚の物語に耳を傾けるための方法を探すことにも時間を費やした。そのあいだ、自然が自分のすぐ近くにあることにまったく気づかなかった。アパルトマンから数メートルのところ、アスファルトの歩道の下で、信じられない種に出会い、驚くべき発見をすることになるなんて思いもしなかったのだ。

8

道路の下のウナギ

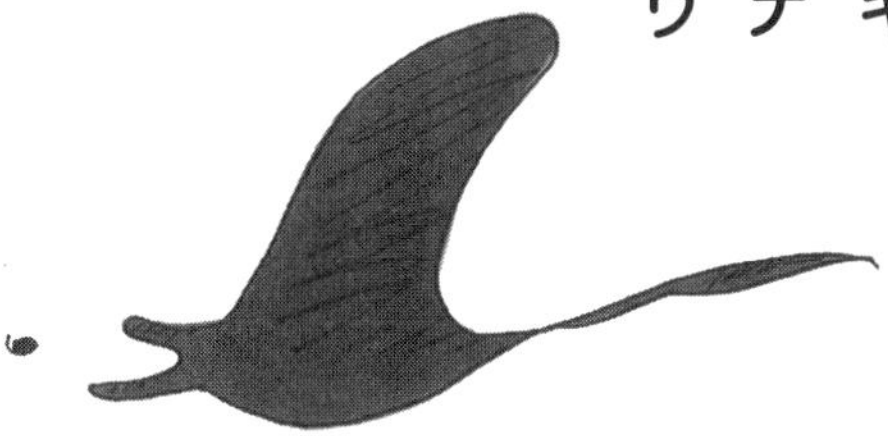

パリ地下水道の入り口の扉を開く。

最も典型的なパリジャンはセーヌ川のなかに住んでいて、
パリジャンへの偏見と同じぐらいたくさんの鱗をもっている。

カリブに行くことを願ったウナギが、
その願いの強さのあまり不死身になった。

8

道路の下のウナギ

「X線写真を取ってくれ」

寒さが指に重くのしかかってくるなか、僕は彼のカバンをあさって歯のX線写真を一枚取り出した[*1]。薄明かりの下で、彼は手袋をつけたままの手でそれをつかむ。がちゃがちゃ、キイキイと、扉に沿って不気味な音がする。「ああ、すっかり錆びてるな……」突然、鍵が開いた。蝶番《ちょうつがい》のきしむ音。彼はX線写真を僕に返すと言った。「親知らずが痛んだらまた役に立つかもしれないから……。行こう。ドアは開いた」

僕たちは一人ずつトンネルの暗闇に溶けこんでいった。

真っ暗な地下で、白くなった吐息をまとった僕たちは、三人の幽霊のようだった。扉が閉まり、懐中電灯を灯すときがきた。青白い光線が暗闇を突き抜け、地下水路の水面に光の輪を落とす。水面は信じられないほど透明で穏やかだ。天井に躍る反射光の銀色の輝きがなかったら、水があるということすらわからなかっただろう。

＊1　フランスでは、鍵がなくて扉が開かないときにX線写真を隙間に挟んで扉を無理矢理こじ開ける方法が知られている。

懐中電灯は窓から射す光のようにあたりを照らしながら、絵筆のように水路の底をさまよい、地下の秘密を僕たちに明かしてくれた。驚くべき景色だった。貝殻やビール瓶の混じった明るい色の砂の谷、広大な海草の草原、水びたしの電動キックボードの山。トンネルの丸天井の下を進むにつれ、僕たちの視線は懐中電灯の照らす方向へと固定され、その光が水面に広がるのを追った。光は第二の目になっていた。

突然、自転車のリフレクターのように、暗闇のなかにいくつかの光が点状に浮かび上がった。

「見て、あっちにいる」。僕たちは明かりを一つ一つ消した。

頭上では、駅の雑踏の気配が思い出のように漂っている。地下鉄《メトロ》もときどきうなるような音を立てるが、そのこだまは、トンネルが美しいメロディーで何かを嘆いているかのようだ。

何メートルか上には地上のにぎわいがあった。アスファルトが地面を覆い、高層ビルが高く伸びて空を細かく切り分けている。パリという街があるのだ。ときに居心地悪く感じ、ときにはそこに住んでいても根無し草のように感じてしまう街だ。長いあいだ、この街は、地球や生命、そのさまざまな要素と住民のあいだに存在するべきつながりがコンクリートによって失われてしまった人工的なところだと思っていた。でも、いまや僕はこの街が好きだ。この街が隠しもっている秘密を発見したからだ。

パリジャンには二種類ある。水中で生活するパリジャンと、それ以外のパリジャンだ。僕は後者に属するが、ある日、水中のパリジャンと知り合うチャンスがあった。知り合うことができたのは、奇妙な団体、パナム[*2]の「ストリート・フィッシャー[*3]」のギャングたちのおかげだ。

ギャングたちは、僕や読者のみなさんと同じように、年齢はばらばらで出自もさまざまだが、ひとたび自由な時間ができると、秘密のパラレルワールドを探検するために、ヘッドライトと釣り竿を携えてパリの中心部の地下へと姿を消す。

釣り竿は、釣り上げてから丁寧にまた水中に戻してあげるまでのわずかなあいだだけ水中世界の外に姿を現す地下の奇妙な住人たちを近くから観察するきっかけを与えてくれる

＊2　パリの愛称。
＊3　パリで釣りをする人をこう呼ぶことがある。

にすぎない。パナムの底に沈んだ生態系を傷つける輩《やから》には気をつけよう……ギャングはどことでもつながっていて、自分の家族を見守るように水中の住民を見守っている。ギャングは昼夜問わずいつでもどこにでもいる。道路の下、河岸沿い、街路樹の下、公園など……。

僕はストリート・フィッシャーのギャングによる秘密の探検隊に参加することをすぐに決めた。それ以降、水面下の住民たちと出会ってからは、パリをいままでと同じようには見られなくなってしまった。

地上のパリジャンと同じように、水中のパリジャンも、まずもってパリジャンだ。首都ならではの、あの性格を備えている。

水中のパリジャンは、とりわけ街並みの美しい地区では、エレガントでスノッブだ。ルーヴルとノートルダム大聖堂近くの河岸には、典型的なパリジャンであるパーチ[4]が住んでいる。セーヌ川の水の色に合わせた縞模様に加えて、春になると赤いヒレを身にまとう。どんなにちょっとした流行にも敏感に反応し、お互いをいつも目の端で追いかけている。グルテンフリーの稚魚や心地のいい海藻など、イケてるものを誰かが見つけると、群れ全体でそれを追いかける。

太陽の下、パリ・プラージュ[5]の時期はヒッピーたちも日光浴している。ここでいうヒッピーとは、コイ科の淡水魚、チャブだ。銀色の体で寝そべり、メインストリームに逆らって、流れと反対向きに川を遡る。この淡水のボボズ[*6]は毎日食生活を変える。ある夜は羽アリしか食べなかったかと思うと、次の日はヴィーガンになって、恐れ多くも堰《せき》についた苔以外に口をつけなくなるのだ……。

水上レストランの下にいるのは、パリの夜遊び人たちだ。ヨーロッパオオナマズは、キッチンの窓から捨てられた食べ残しのおこぼれにあずかろうと、夜だけ起きることにしている。このヘビのように体が長くて表面はぬるぬるしている魚は食欲旺盛で、すぐに二メートルを超える大きさにまで成長する。本物のパリジャンと同じように、ヨーロッパオオナマズも自分はパリ出身ではないと主張する。ヨーロッパオオナマズの出身地は東方だ。祖先は氷河期にはドイツで泳いでいた。その時代にはドイツのソーセージを食べていたことだろう。とにかく大好物なのだ。ヨーロッパオオナマズはほぼ目が見えないが、長いひげを使ってありかを突き止めることができたものは、だいたいなんでも食べてしまう。パ

＊4　スズキに近い淡水魚。
＊5　フランス・パリの夏の行事で、セーヌ川岸に砂を敷いてつくる人工砂浜。
＊6　ブルジョア・ボヘミアンの略で、物質的に豊かな生活を送りながらも、ヒッピーに影響された理想主義的な考え方ももっている人たち。

リの水中の住民たちにとっては恐ろしい存在で、アヒルやげっ歯類のヌートリアもおちおち眠っていられない。

大食漢の捕食者であるこの魚は、家族思いでもある。六月、セーヌ川のほとりの枝が垂れたシダレヤナギに沿って歩いてみると、興味深いショーを見ることができる。切り傷をつけた黒い顔のおびただしい数のナマズのつがいが、時代遅れな雰囲気で、藻と木の根でできた繊細なゆりかごを前に交代で働き、卵に酸素を送るために優しく息を吹きかけてあげているのだ。まるで若き日のキリストがロバと牛の面倒を見ていたときのようだ。子どもが自力で泳げるようになるまで、産卵から十日ほどにわたって、オスはメスと子を見守る。

増水が起きると、パリの魚たちも、首都の家賃が急騰したせいで郊外に流れていく人々のように散り散りになり、ふだんは水が流れてこない珍しいゾーンへと詰めこまれる。コンコルド広場の池や、郊外の川が蛇行したところなどである。すると、ラッシュ時のRER[*7]よりひどい混雑が見られる。コイ科の淡水魚ブリームやブリークの群れが黄土色に濁った水のなかで身を寄せ合い、パイクパーチ（ザンダー）やノーザンパイクに体を押しつける。

8
道路の下のウナギ

セーヌ川とサン・マルタン運河の水面下には、バックしながら泳ぐザリガニがいる。大きな淡水性ムール貝も住んでいて、小さなコイの一種、ヨーロッパタナゴが卵を産みにやって来る。捨てられた金魚は、金魚鉢から遠く離れたところで健康を取り戻し、体重一キログラム近くにまでなることも。三十種もの魚と百種類にわたる無脊椎動物が、この見えない世界に住んでいる。ここの水は年々きれいになっていて、毎年新しい種が移り住む。もっと慎ましい住民もいる。パリの通りの下は一日中薄暗い。地下の住人たちは、夜間の捕食者から身を守るために地下水路の薄明かりのなかに身を潜めているのだ。

懐中電灯の光にあてられて一対の目が光った。僕たちはゆっくりと近づいた。

薄明かりの下に最初に浮かび上がってきた何かの姿が、夢のなかから出てきたばかりのように静かに波打っている。違う。探していたのはこれじゃない。いたのは、明かりの下をのろのろと泳ぐウナギだ。皮膚に光沢があり、蛇のようだ。ウナギを見た人なら、誰でも、この魚が得体の知れない存在であること、異質な要素が組み合わさったとても奇妙な

＊7　首都圏高速交通網。パリと近郊を結ぶ鉄道。

外見の裏に秘密を隠していることが、簡単にわかるだろう。

パリのウナギは、ヨーロッパやアメリカ大陸に生息する他のウナギと同様に、カリブ海の生まれだ。生まれた場所は正確にはわかっていないが、アンティル諸島の北東、サルガッソー海のおそらく深い海溝だろうと推定される。ウナギの稚魚レプトケファルスは、数ミリ程度の大きさしかなく、柳の葉っぱに似た形をしていて、体が透明なためにレプトケファルス自体は目に見えず、レプトケファルスによって波打つように動かされるプランクトンだけが肉眼で見える。レプトケファルスは、体の大きさの割に大きいドラゴンのような歯をもっている。メキシコ湾流を何カ月も泳ぎつづけ、五千キロメートル離れたヨーロッパ沿岸を目指し、道中で少しずつ変態し、蛇のような容貌を手に入れ、海流から下りたところで、小さなウナギとでもいうべきシラスウナギに変態する。海水から淡水に移動する際に生じる浸透圧の変化は、大半の魚に対しては致命的な一撃になるが、ウナギはそれをまったく気にかけない。住むのにちょうどよい静かな分流のありそうな川を一度見つけたウナギは、もう誰にも止めることができない。万一川の先に進めなければ、数日かかるとしても陸地を這ってでも進む。通れる道がなければ、狭い路地やわずかな水源、湧き水をくぐりぬけてでも、自由地下水[*8]を旅してでも、川までたどりつく。

川に着いたウナギはそこで成長して力をつけ、海からの呼びかけが聞こえてくるのを待

8

道路の下のウナギ

つ。そのときが来たら、銀色の装いに身を包んで河口まで下り、愛し合い、そして死ぬために、自分が生まれたサルガッソー海の深いところまで潜り、神秘の暗闇で新しい命を生み出して果てるのだ。一世紀にわたる研究活動にもかかわらず、ウナギの旅を最後まで追うことはできていない。途中で止まることも食事することもない六カ月にわたる長旅の末にどこで新しい世代に命を吹きこむのかは、いまだに特定されていないのだ。

ウナギはなぜ、卵を産むためにこんなにも長い旅をすることにこだわるのだろうか？　それにはとても古い歴史、大西洋それ自体よりさらに古い歴史がある……。数百万年前、ウナギは沿岸で産卵していた。大西洋がまだ若く小さい海で、ヨーロッパとアメリカの距離も近かったころの話だ。しかし、大陸移動によって、毎年数センチメートルという速度でヨーロッパとアメリカは少しずつ離れていった。ウナギはそのことを知らず、

＊8　地表に最も近い不透水層と地表との間にある地下水。

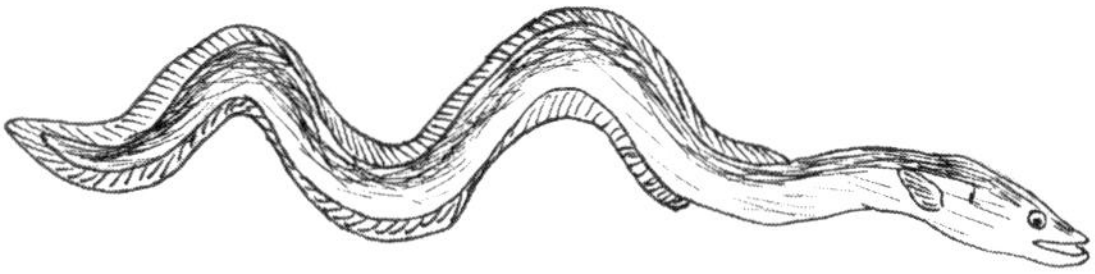

ヨーロッパウナギ

温度と海底の形が適切な場所を選んで産卵することを続けていた。生まれた場所がどんどん遠ざかり、今日では何千キロメートルも旅しなければならなくなっても、自分の生まれた場所に対する思いが強いウナギは、自分がもといた場所への長旅に慣れていった。なんと頑固な魚だろう。

乗り越えがたい困難のせいで不幸にも海にたどりつくことができなかったとしても、ウナギはいくらでも待つことができる。淡水で足止めされると、長旅用の銀の衣装を脱ぎ捨てて金色の体を取り戻し、まるで不死の存在のように、目の前の障害がなくなるまで待ちつづける。海に戻るという自分の天命を果たせなさそうだからといって死を選ぶわけではないようだ。

一八五九年、ヴィクトル・ユーゴーの『静観詩集』が刊行された三年後、スウェーデンのブランテヴィックという村で、サミュエル・ニルソンという八歳の子どもが祖父母の家の井戸にウナギを投げ入れた。ウナギを井戸に投げこむことは、この時代の八歳の子どものいたずらとしては、それほどひどいものではない。むしろ、ウナギは井戸の汚染の原因となっている昆虫やミミズを食べてくれる可能性すらあった。サミュエルの祖父母はそのことをとがめなかったので、ウナギもそのまま井戸のなかに住むことになった。いたずらはすっかり忘れられたようにみえたので、サミュエル自身、自分の玄孫の話題に上ることになるなんて思いもしなかっただろう。サミュエルはそのウナギを「エール」と名づけた。スウェーデン語で「エール」は「ウナギ」を意味するので、ほとんどオリジナリティのない名前だ。

　井戸には出口がないので、ウナギは海にたどりつくことができない。エールは海に出られる日を待つことにした。数カ月、そして数年が経った。サミュエル・ニルソンは成長して家を出て、ヴィクトル・ユーゴーは『レ・ミゼラブル』を書いた。少しずつエールの目は暗闇に慣れてきた。何十年かが経った。家の持ち主が変わり、世代も変わった。ヴィクトル・ユーゴーはパンテオンに眠り、人類は自動車を、そして飛行機を発明した。二度にわたる世界大戦が起きて、核による惨劇が繰り広げられ、ニール・アームストロングが月面に着陸した。それでもウナギは井戸のなかで待っていた。さまざまな発見がなされ、革命が勃発した。エールは井戸のなかにとどまり、ときどき地元の新聞の三面記事に載ることがあった。ある日、エールを退屈させないように、メスのウナギが井戸に入れられた。日本では、世界中から輸入されたウナギの幼生から養殖したウナギを食べることが大いにもてはやされた。かつては豊富に存在し、その数から有害とさえいわれた種が、ヨーロッパのどこでも数を減らし、絶滅危惧種に分類されるようになった。ウナギの九十パーセントが死滅した。でも、エールはそのことを知らなかった。サルガッソー海につながる出口を見つけるまでは生きると決めたのだ。時間が経ってもその決意が揺らぐことはなかった。

この物語は、二〇一四年の夏、ザリガニ・パーティー[*9]のあいだに悲劇的に幕を閉じた。井戸のふたが外れていたせいで水温が高くなり、エールは茹で上がってしまったのだ。エールは百五十五年生きた。名前のない相方は百十歳になり、生き残り、今でも井戸のなかで待っている。エールは一世紀以上も待ち続けたことになる。永遠に近い時間を味わいながら生きたのだろうか。それともいつか天命を果たす日が来るという希望に支えられて生きていたのだろうか。もし今日、自由な水に放たれたら、何を感じただろう？　そうしたらきっと、新しい世界で、自分の種の最後の生き残りとともに過ごしていたことだろう。井戸での果てしなく長い暮らしを終えて、サルガッソー海への片道の長旅に身を投じることができたら、思いがけない喜びだったのではないだろうか？

その夜、暗い水路に僕たちがいたのは、ウナギを観察するためではなかった。

また懐中電灯を動かして、水底の砂利を光で掃くように照らす。石で固められた土手に、シジミやその他の小さな貝がたくさん引っかかり、土手の表面がざらざらになっている。ヒレにとげのある半透明の魚、ラッフ[*10]が跳ねている。懐中電灯の光が反射して鬼火のようにラッフの目が光る。生気のないローチ[*11]は眠っている。僕たちに驚いた赤褐色のそのコイは優雅に飛び跳ねて逃げた。見えるのは丸い光だけで、そこに舞台上の俳優がスポットライトに照らされたように、魚の影が描きだされた。僕たちは地下通路内の音が反響する冷たい空気のなかを、夢遊病者のように進んだ。天井のコウモリが鉛筆を削る音のような鳴き声を上げた。アオサギが片足で正面の河岸から飛び立ち、亡霊のように姿を消した。

「ここだ。見ろよ、一匹いたぞ！」黒い真珠のような二つの目が丸く大きな影の奥に浮かび上がった。褐色でずんぐりとした輪郭が二つの目のまわりにあるように見えた。光る目はゆっくりと遠ざかっていく。

パイクパーチという、夜の捕食者だ。僕たちはこいつを探しに来ているのだ。ノーザンパイクとパーチの中間で、尖った歯を持ち、用心深い。つかまえるのにひと苦労の肉食魚だ。驚か

＊9 北欧諸国で夏に行われる、ザリガニを食べて飲酒をする行事。
＊10 スズキ目ペルカ科の淡水魚。
＊11 コイ科の淡水魚。

パイクパーチ

せないためにはゆっくり近づかなければならず、水中の闇で進化してきた魚だから、光はせいぜいその体をかすめる程度にしなくてはいけない。

水中という地下宇宙のなかでつかの間の幻想的なシルエットを追いかけていると、奇妙であると同時に、決して慣れることはない強烈な感情に満たされた。全身で「待ち伏せ」をしていると原始的で動物的な感情がこみ上げてきたのだ。意識は自然の観察にすっかり集中し、視線も心臓の鼓動も、水とそして生命と完全に一体となっている。魚がいた痕跡を目で追い、動きを予測しようとしていると、自分は獲物を探す捕食者以外の何者でもないのだという気がした。子どものころ、洗面台の水道管に糸を垂らすと、その糸が自由な海を見つけ、最後には魚のもとにたどりつくと想像したことを思い出した。僕は正しかった。野生生物は遠いところにいるわけではない。隠れて待ってくれているのだ。トンネルのなか、パリのコンクリートの道路の地下十メートル、地下水路を探検しているうちに、子どものころに想像した糸は魚へとたどりつき、僕は生命の連鎖のなかで、本来人間が置かれていたはずの場所を再発見できたのだ。

人間は、獲物を追うときに喜びを感じる。それだけでなく、捕食者から逃げるときにも幸福を感じる。自然界で生き延びられるよう、進化によってそう仕組まれたのだ。こうした追う・追われるという状況に出くわしたとき、あるいはわずかでもそういう兆候が見受けられただけでも、脳は、幸福をもたらす麻薬、ドーパミンを分泌するという報酬を僕たちの祖先に与えた。この作用によって生き延びられるようになり、食べ物を探したり敵から逃げたりすることに喜びを発見するようになった。それはまさしく先祖代々伝わる喜びだ。鳥の歌声に気づいたり、食べられる果物を発見したり、獲物の足跡に気づいたりしたとき……あるいは捕食者の裏をかいてうまく逃げられたときにこの喜びが湧いてくる。僕たちの脳の仕組みはいまも昔も変わらないが、この原始的な喜びを現代の生活で見つけるのはむずかしい。

「十時だ、水上警察が来た！」

ライトが二つ光り、牧羊犬マリノアの吠え声と憲兵の長靴の足音が響いた。そのとき、僕の頭のなかではドーパミンが大量に分泌されていただろうか？　いずれにせよ、その瞬間、食物連鎖における自分の位置が確定した。僕は、魚にとっては捕食者だが、憲兵にとっては獲物なのだ。

パリの水中世界にのめりこむあまり、地上のパリジャンによって入り口に設置された

「立入禁止」の標識のことを僕たちはすっかり忘れていた。こじ開けて入ってきた扉はすでに遠い。だが、獲物としての本能のおかげですぐに状況を理解し、深く考える前に、頭のなかでアドレナリンとドーパミンが混ざり合い、僕たちは出口に向かって走りだしていた。

　ほうほうの体で逃げ出すのはかっこいいことではなかったが、原始的、動物的な本能に駆り立てられた僕たちの反応の速さに、追っ手はなす術がなかった。なんとか逃げおおせた。魚以外は厳格に入ることが禁じられたこの場所に僕たちがいたことも、おそらく気づかれずにすんだ。

　外に出て、街頭の黄色い光を浴びながら歩いているうちに、僕たちが遭遇した災難はもはや都市伝説のような雰囲気を帯びていた。

「犬は腹ぺこに見えたし、しかも口輪をつけてなかった！　ケーブルに足をとられなくてよかったよ」

「捕まったらどれくらいの時間拘束されてたと思う？」

「わかんないよ、考えたくもない！」

「暗いところで走るのって本当に疲れるね……」

「パイクパーチの重さは十キロはあった。あんなの、見たこともない」

「あと、ウナギ。ウナギ見た!?　人間の太腿ぐらいの太さがあったよ」

8

道路の下のウナギ

「憲兵さえ来なければ、あのパイクパーチをつかまえることができたのに。きっといい写真が撮れただろうなあ」

冒険はすっかり脚色して語られていた。話のなかでは、トンネルは実際よりも暗く、パイクパーチは実際よりも大きく、憲兵も実際より恐ろしい存在になっていた。地下水路に隠れた魚たちは、僕たちが息切れしながら漏らした驚嘆の声を通して自分たちの物語を語りはじめていた。

パイクパーチをつかまえることはできなかった。でも、魚たちの物語はつかまえることができたのだ。

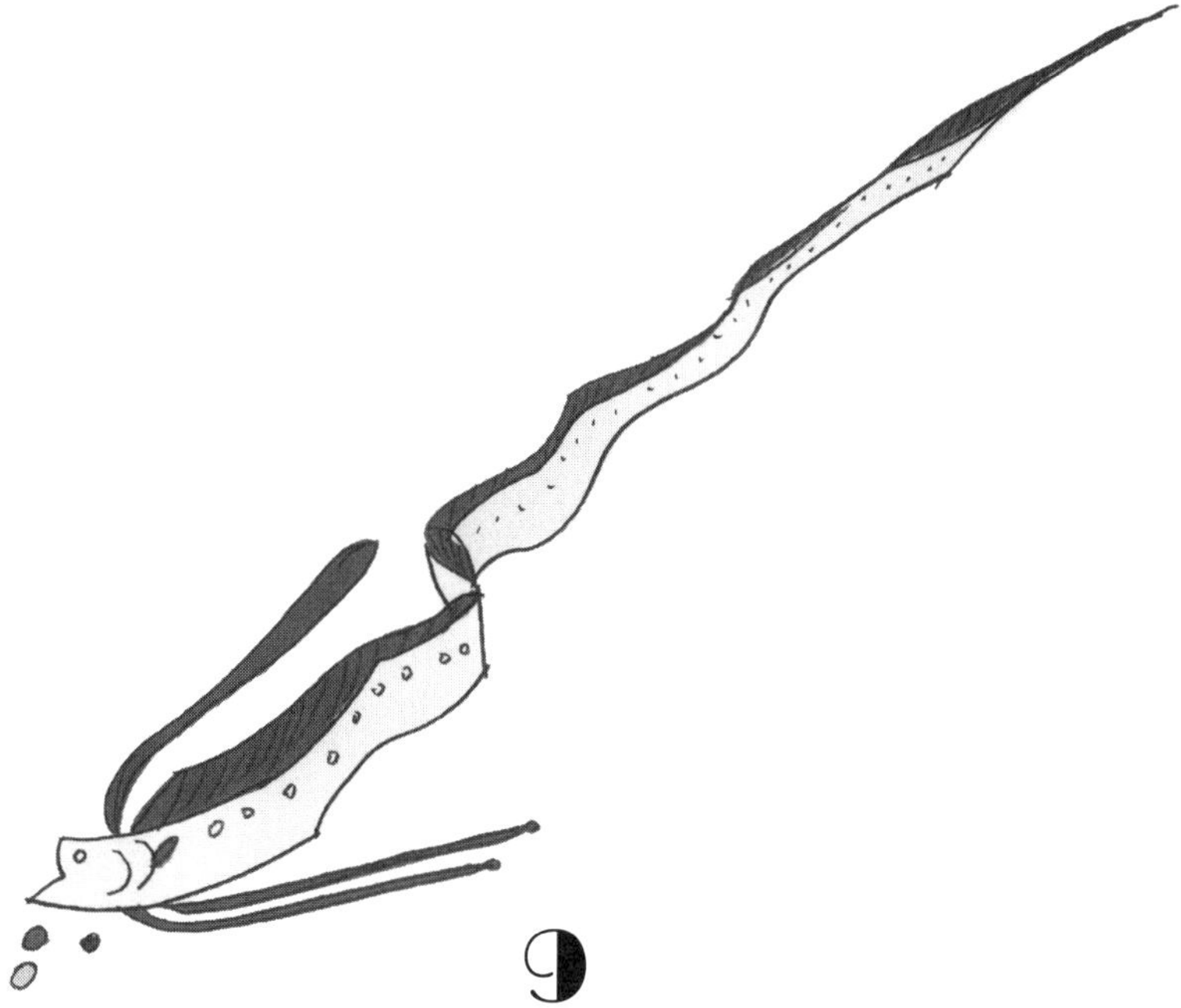

9

シー・サーペント

現実には存在しない種のことも守るべきだ。

ローマのコバンザメには文字通りロマンがある。

シー・サーペントが実在し、地震を予知する。

9

シー・サーペント

一万年前、最初のダイバーが見つける前の海底はどのようなものだったのだろう？　文明が存在する以前の陸地なら容易に想像ができる。都市も道路もなく、電線も文化もない、深い森と未踏のステップに覆われた大地だったのだろう。

しかし、海はどうだろう。海はどんな姿だったのだろうか？

海にはおそらくもっと多くの住民がいた。地中海のどの海岸にもモンクアザラシ(phoque moine)がいた。トルコの島々にはモンクアザラシがたくさんいたため、そこの住民たちは「フォカイア人（Phocéen）」と呼ばれた。彼らが、現在のプロヴァンス地方にあたる土地にフォカイア人の都市[*1]を建設したのだ。

今日では地中海のモンクアザラシは六百頭ほどしか生き残っておらず、人里離れた洞窟に閉じこもり、身を隠して過ごしている。

三百年前、ベーリング海峡にカイギュウ[*2]の群れが住んでいて、海藻を食べていた。ステ

＊1　マッサリアという都市で、現在のマルセイユにあたる。
＊2　海牛目に属する哺乳類の総称。

ラーカイギュウと呼ばれるこの動物の体長は八メートルにも達した。最後の個体が捕獲されたのは二百五十年前だ。僕がこの文章を書いているいま、クジラ目のなかでは最も小さい、カリフォルニアに生息する白と黒の小さなネズミイルカの仲間であるコガラシネズミイルカは、もう十頭程度しか存在しない。世界規模でみると、この百年で大型の海の動物は三分の二がいなくなった。

これは憂慮すべき状況である。いまはまだかろうじて存在している種も消えてしまうのではないかと誰でも心配になるだろう。ところで、実在しない想像上の種が消滅してしまうことについては、心配しなくてよいだろうか？　彼らもまた、存在を脅かされているのだが。

その昔、たくさんの遭難を引き起こしたと船乗りに語り継がれているシー・サーペント[*3]はどうなっただろうか？　この二世紀のあいだ、セイレーン[*4]の声を聞いた人はいるだろうか？　トリトン[*5]やクラーケン[*6]は、いったいどこに行ってしまったのだろう……？　存在する必要がなかったせいで、いまや消滅しつつあるのだろうか？

9

シー・サーペント

先史時代の海を知ることができれば、と思う。海は多くの魚が住む場所である以上に、多くの物語が転がっている場所だったからだ。物語《イストワール》は、その名に反して、先史時代《プレイストワール》に生まれてきた。物語は、書き記されることがなくても、その物語を耳にした者の想像のなかで生き延びて、語り継がれながら形を変えてきた。こうした物語は、話し言葉のように自由で、はかないものだ。

自分たちの生きている世界について説明し、よりよく想像するために、人々はあらゆる種類の伝説を信じてきた。水のあるところはどこも、神話と想像力に満ちあふれている。先史時代の人間にとっての海には、突拍子もない生き物や超自然的な存在、幻影のような獣たちがうごめいていた。想像上の存在が住んでいる原始の海だ。

＊3　海洋での目撃あるいは遭遇が伝承される、細長くて巨大な体をもつ未確認生物。

＊4　ギリシャ神話に登場する、上半身は女性、下半身は鳥の姿をしている海の魔物。その後、下半身は魚の姿をしていると語り継がれた。美しい歌声で船人を惑わせて破滅させたという。

＊5　ギリシャ神話に登場する海神ポセイドンの息子。上半身は人間、下半身は魚形または蛇形の姿。

＊6　空想上の海の怪獣。頭足類として描かれることが多い。

しかし、紀元前三千四百年ごろのある日、人間は文字を発明した。学者たちが登場し、海の生き物を理解したいという思いから、知っていることについて書き留めることを欲した。昔の海の生き物についてこの上なく貴重な証言が残されているのは、書き残してくれた学者たちのおかげだ。あまりに現実離れしていると判断して、多くの生き物が姿を消したことも学者たちの証言からよくわかる。そんな生き物は存在しないと、彼らが宣言しているのだ。

古代ローマの学者であり、現在のオクシタニー地方にあたるガリア・ナルボネンシスの高級官僚であった大プリニウスは、同時代の知識をまとめようと計画し、西暦七七年に『博物誌』を著した。九巻目は海について書かれ、ローマ時代の海に住んでいた海洋生物の魅力的なパノラマとなっている。大プリニウスによれば、七十四種類の魚類と三十種類の甲殻類が存在していたという。この数字に関して、大プリニウスはおおいに自信があったようだ！

この作品の執筆にあたって、大プリニウスは五百人を超える著者による二千冊以上の書物を読み、そこに自分の個人的な観察を加えた――ガリアの高級官僚の予定表にはかなりの自由時間があったようだ。大プリニウス自身が信頼できるとみなした証言を記録し、そうでないものはとりあげず、時の忘却作用に任せた。『博物誌』に記されている内容の一部は今日の科学によっても検証されている。たとえば、およそ二千年前に、地中海のパーチ、コンバーが雌雄同体であること、つまり同時にオスでもありメスでもあるということを大プリニウスは知っていた。あるいは、シビレエイが卵胎生で、産んだ卵が子宮のなかで孵《かえ》ることもわかっていた。アザラシが深い眠りに落ちることにも気づいていたのだ。[*7]今日では、アザラシについて、人間と同じようにレム睡眠を行って夢を見ることが知られている。大プリニウスは神経科学のことは知らなかったが、アザラシの頭の下にある左のヒレの部分がなんらかの睡眠効果と関連していると信じていた。

大プリニウスは、当時の学問と信仰を反映した、もっと突飛なことも書いている。たとえば、コバンザメの行動を記述する際にちょっとしたスパイスを加えている。コバンザメは、頭に吸盤がついていて、自分より大きな動物にくっつくことで無賃乗車をして移動し、さらにその動物の食べ残しにもありついていたといった具合だ。大プリニウスによれば、この小さな魚がくっつくことで船は速度を落とさざるをえず、しまいには完全に停止させられてしまうらしい。当時の船乗りは、コバンザメ《レモラ》という言葉がラテン語で「遅れ」を意味することがその何よりの証拠だと思っていた（イル・ド・フランス地域圏に住んでいる

*7　アザラシは陸上にいるときにノンレム睡眠状態に入り、深い眠りに落ちる。

方々のために一応言っておくと、響きが似ているＲＥＲは同じ語源ではない）。紀元前三一年九月二日、アクティウムの海戦[*8]が勃発した。マルクス・アントニウスとオクタウィアヌスのどちらがユリウス・カエサルを継いでローマ皇帝になるかを決する戦いだ。マルクス・アントニウスの海軍が数的には有利であり、理論的にはそちらが勝つはずだった。しかし、神秘的な力によって、マルクス・アントニウス軍のガレー船は減速し、止まってしまった。この出来事がオクタウィアヌスに戦略上の優位を与え、勝利に導いた。

大プリニウスによれば、この予想外の状況の急変を引き起こしたのは、間違いなくコバンザメだった。

大プリニウスが描いた魚のなかには今日知られている魚に似ているものもある。たとえば、最大で四百キログラムになると推定されたタイセイヨウクロマグロだ（現在の最高記録はおよそ六百八十三キログラム）。

一方、大プリニウスが描いた海には、十リュー[*9]にわたる大きさのクジラも泳いでいて、甲羅が家の屋根にできるほどに大きいインドのウミガメと同じように、その大きさのせいで動くたびに嵐が巻きおこった。また、大プリニウスは、水陸両生の人間であるトリトンが洞窟のなかで法螺貝を吹いていたという確かな情報があると語った。だが、現在にいたるまで、誰もトリトンを見てはいない。

学者たちが動物誌を書きすすめるあいだに、新しい存在が発見されることもあれば、一度記された存在が消されることもある。研究が進むにつれて、伝説上の獣に割かれるスペースは小さくなり、その記述も控えめなものになった。

中世の動物誌には海の怪物がたくさん住んでいるが、大プリニウスの記述と異なり、クジラは視界をはみ出すほどの大きさではなくなっていた。そのかわり、船乗りたちはクジラを島と混同していたようだ。陸地に着いたと思って、船をクジラにつないでしまったのだ。船乗りたちは明かりを灯したことでクジラの怒りを買い、みんなまとめて海の底へと沈められてしまった。

当時はイメージを共有するための手段がなかった。現地で絵を描くことはできなかった。絵を描くにはペンとインク壺とテーブルが必要だったからだ。そのため、デッサンであれ細かい描写であれ、描かれるときには記憶と語りによって実態が歪められた。こうして、

＊8　古代ローマでオクタウィアヌスがアントニウスとクレオパトラの連合軍を破った海戦。

＊9　リューはかつてフランスで用いられていた長さの単位。一リューは五・五五六キロメートル。十リューは約五十六キロメートル。

海は想像力によって生み出された崇高な存在たちの住処になった。

しかし、学問はさらに進歩し、それにともない厳密さも増していく。聞いたことをそのまま信じこむというナイーブさは失われ、証明することが必要になった。存在しているという証拠がなかったために、トリトンの存在は消された。クジラについては、相変わらず多くの迷信がつきまとっていたが、クジラを島と間違えた人がいたことさえ、やがて誰も信じなくなった。

十八世紀に科学が体系化されると、分類学が登場する。種の承認のためには、ラテン語かギリシャ語で学名をつけ、証拠として標本をつけることが必要になった。スウェーデンの博物学者、カール・フォン・リンネはおびただしい数の種を形式の定められた手順に従って分類することの第一人者となった。リンネが体系的分類の先駆者になることは、皮肉にも初めから運命づけられていたのかもしれない。というのも、リンネ自身、生涯で九回も名前を変えていて、しまいには他の種から名前を借りるにいたっているからだ。「リンネ」は、一家の農園に生えていた「菩提樹」を意味するラテン語風のスウェーデン語だ。

9
シー・サーペント

一七〇〇年代、リンネは著書『自然の体系』（*Systema naturae*）で約四千四百種の動物と七千七百種の植物を分類し、それぞれの生物に学名を与えた。それぞれの種をカードに書いて、系統樹に配置した。存在を示す証拠があまりに乏しい場合には、系統樹から削除した。こうして、海の怪物たちはごっそり姿を消した。まさしく、想像上の存在に対する大量虐殺だ。存在を証明できない生き物は、名前をもつ権利も与えられず、存在を拒絶されたのだ。

　リンネ自身は自分の試みが思慮に欠けるほど実用主義であったことに後ろめたさを感じていただろうか？　彼の試みが科学的にとても価値が高かったために、他のことは目に入らなくなっていたのではないだろうか。しかし、常に最も大きな動物であり続け、多くの神話と誇張を生み出した巨大なるシロナガスクジラを名づけるときだけは、この厳格なスウェーデン人学者も、自由気ままに冗談を言いたくなる気持ちを抑えられなかったようだ。彼はシロナガスクジラを*Balaenoptera musculus*と名づけた。これはラテン語で「小さなネズミのクジラ」を意味する。

　コバンザメに関しては、リンネはアクティウムの海戦の言い伝えから解放しようとした。リンネは何がマルクス・アントニウスのガレー船を止めたのかは知らなかった。だが、わずか四十センチメートルほどの魚がガレー船にブレーキをかけることなどできないのは確信していた。リンネはコバンザメに魔法の力があるなどとは信じなかった。それでも、その名残りをとどめさせることで、言い伝えは尊重した。*Echeneis naucrates*という学名は「船を遅くさせる者」という意味である。

物理学者のチームが入念な計算とシミュレーションによってコバンザメの謎を解き、マルクス・アントニウスの敗北の真の原因を解き明かしたのは、二〇一八年になってからだ。答えは、海岸沿いで急激に水深が変化することで、孤立波[*10]というめずらしい流体力学的現象が引き起こされ、船団の前進を妨げて停止させたというものだった。

十九世紀の海洋学者の活動によって、けっして存在はしなかったが、何世紀にもわたって船乗りの想像する海の世界に住んでいたかつての怪物たちがついに完全に姿を消した。スケッチはより正確で現実的なものになり、その後は写真が取って代わったからだ。

今日では、海底を探査する海洋調査船が、生物自体を直接観察したりすることなしに、そのDNA配列を記録している。特別なトロール網でプランクトンのサンプルを捕獲し、「次世代シーケンシング」[*11]を行うことで、捕獲したサンプルのゲノムにアプローチしている。深さ約一万九百メートルという、マリアナ海溝の最も深い海底の魚たちも、観察され、記述されている。かつて空想のなかで、あるいは版画のなかで船を転覆させていたダイオウイカも映像に収められ、その大きさが測定された。いまやソファーに寝転がりながらでも、ワンクリックでクジラを画面上に出し、島にはまったく似ていないと確認することもできる。

怪物たちが想像の世界を追われ、深海もカラーの高画質の映像によって明るみに出ているいま、いったいどこで夢を見ればよいのだろうか？　どうやってまた、物語をつくりだせばよいのだろう？

それでも僕たちは、信じたい、夢を見たいという根深い欲望をもっている。

ニュージーランドの海辺で、僕はいかにも観光客らしく海水浴をしていた。そして海のなかでブリを探した。以前、二枚の青いヒレが海水浴場の水面に揺れているのを見たことがあったからだ。エイもいるかもしれないと思いながら、探し続けた。そうこうしている

＊10　単独の山または谷だけが波形を変えず一定の速度で伝播する波。
＊11　ＤＮＡ塩基配列を大量かつ高速に決定する技術。

うちに、ヨシキリザメがいることに気がついた。地中海にも生息しているので、ヨシキリザメという種のことは知っていた。

この動物は体色が美しく、穏やかな性格で、たいていは沖に住んでいるが、この個体は浅すぎるところに来て困ってしまったようで、砂浜に打ち上げられていた。出会いを記念して、このシーンを録画した。録画しながら、このサメがまた青い海へ泳ぎ出せるよう少し持ち上げて沖まで送り出した。さらに、友だちと共有するために、このビデオをインターネットに公開した。

数カ月後、オーストラリア版『デイリー・メール』が、僕の動画のスクリーンショットを添えて「怖いもの知らずのニュージーランド人が人食いザメを素手でつかまえている」というタイトルの記事を出しているのを見つけたときは、驚いたのなんのって。ビデオを見て興奮したこのジャーナリストは、僕が動画につけたフランス語の正確な解説を無視して途方もない話をつくりだし、優しいサメに血なまぐさい捕食者の皮をかぶせていたのだ。もちろんこの記事にはインターネットユーザーたちのコメントがたくさんつき、興味深い議論が巻き起こった「これは犯罪だよ。海岸に来る子どもを食べてしまうかもしれないサメを放したんだから！」と声をあげる人もいれば、それに反論して「絶滅しかかっているのは子どもじゃなくてサメだ、むしろヒーローだよ」と言う人もいた。

ヨシキリザメはカタクチイワシなどの小さな獲物を捕食する種であり、人間を襲うことはない。そこで、そのジャーナリストに連絡をとって、本当のところを伝え、訂正するようお願いした。ところが、このジャーナリストは「人食いザメ」という表現を「人を食べる可能性があるサメ」という表現に書き直しただけだった。なるほど、彼はよいジャーナリストである「可能性がある」（彼がこの皮肉を理解してくれた「可能性がある」とよいのだが）。それにしても、彼はサメへの恐怖にこだわりすぎだ。

　現代人はなぜ、いつもサメを恐れるのだろうか？　統計によると、キッチンにあるトースターすら、すべてのサメによる被害を合わせた十倍もの被害をもたらしているというのに。これは、僕たちが先祖の時代からもっている、自分たちよりも強い存在に直面したいという欲求、あるいは大自然や超自然的な力を前にして自分たちを無意味なものだと感じたいという欲求によるものなのだろう。いまや自分たちを捕食する者がいないからこそ、逆に捕食者がいる可能性をうっとりと思い描いてしまう。この想像上の捕食者は、僕たちを追いかけるだけの能力をもつ大きな存在で、僕たち人間に食物連鎖のなかで自分の居場所を取り戻す感覚を味わわせてくれる。人間は、海の怪物がいなくなったら、今度はその存在を自分たちで発明してしまうのだ。

僕たちは、海の怪物を現代のリアリズムですっかり追い払ってしまった。だが、僕たちの本性は怪物の存在を信じたほうがいいと証明したがっているようだ。そして、そんな風に現実が伝説を超えることだってある。

何世紀ものあいだ、シー・サーペントは海の伝説によく登場してきた。科学が出した結論は、シー・サーペントは存在せず、船乗りの空想が生み出したものにすぎない、というものだった。だが、その結論が通用していたのは、シー・サーペントの存在を科学に対して示してやろうと海が決意するまでだった。海は、シー・サーペントが実際に存在することを示したのだ。

リュウグウノツカイは、ヘビのような形で、最大で長さ十一メートルにも及ぶ驚くべき魚だ。

リュウグウノツカイとシー・サーペント

9

シー・サーペント

金色で、青い斑点があり、ドラゴンのそれのような長く赤いとさかが頭についている。観察されることが非常に少ないこの魚は、シー・サーペントについての記述に一致する。この魚がシー・サーペントの言い伝えのもとになったのだろう。しかし、リュウグウノツカイの生態に関する発見は、突拍子もなく聞こえる伝説を上回るものだった。最近の観察によれば、この魚は後ろに向かって泳ぐだけでなく、垂直方向にも泳ぐことができる。捕食者から逃れるとき、あるいは体を小さくすることでエネルギーを節約したいときに、自分の体を切り分けて尾の一部分を捨てる行動、つまり「自切」も可能だ。食料が不足しているときには、コンピューターゲームに出てくる有名なヘビ*12のようにして自分自身を食べることもある。しかも、リュウグウノツカイは地震を予知することができるのだという。リュウグウノツカイが岸に打ち上げられることと地震が近づいていることとの不穏な関係はきちんと説明されていないが、その結びつきは世界のあちこちで観察されている。この二つのめずらしい出来事はよく同時に発生している。リュウグウノツカイは海底の断層のそばに生息し、不思議なことに断層の活動を感じられるようなのだ。

僕はリュウグウノツカイを見たことがなかった。ある日、友人がカンヌの近くに一匹打ち上げられたと教えてくれ、そのビデオも見せてくれた。そのとき僕たちは船に乗ってい

*12 画面上のヘビを操作して餌を食べ続けるコンピューターゲーム「スネークゲーム」に登場する。

て、地震に見舞われるところだったと冗談を言い合っていた。ところが驚くべきことに、その晩、小さな地震がその地域で起きたことをローカルニュースで知った。震央は、リュウグウノツカイが打ち上げられた岩場から沖に何マイルか行ったところだった。

最新の推計によれば、海には二百二十万種類ほどの生き物が存在する（これは無数の種類のバクテリアを除いた数字だ）。人間が列挙できるのは、そのうちの十パーセントにも満たない。研究者たちは、現在までに知られている生物のグループを分析することで、いまだ発見されていない種の数についてのモデルをつくり、過去どのようなペースで発見されていたのかを分析した。大プリニウスの書いた伝説を信じることはもうできないが、それでも、僕たちが現在までに獲得してきた知識もわずかなものにすぎず、いまになって過去の知識が誤りだったとわかるのと同じように、現在の最先端の知識も不正確なものだったといずれ気づかされるだろう。そう考えると、なんだかほっとする気がする。
「地球は平らだ」とか「海には七十四種類の魚しか住んでいない」といった過去の信仰を僕たちが面白がっているのと同じように、僕たちの時代の知識もいずれ笑われることになるだろう。

さしあたり、海に存在する生物種のおよそ九十パーセントはいまだに知られていない。それについての神話を書くこともできるし、夢見る余地もあるだろう。将来発見されることになる未知の存在が暗い海のなかを泳いでいる。僕たちが彼らについての夢を見ること、彼らの伝説を信じるようになることを待ちながら。

そういう夢を信じ、そういう物語に耳を傾け、そこに命を吹きこむ自由が僕たちにはある。ならば、いくつかの古代の伝説をよみがえらせようではないか。シー・サーペントだって存在しているのだから。

10

海は鏡

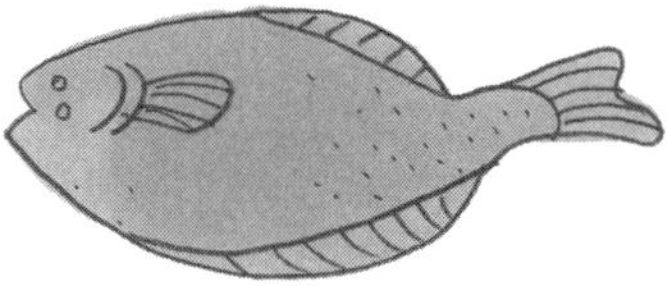

海という鏡に僕たちの世界が映っている。
海は僕たちの世界が鏡に映ったもので、
僕たちの世界は海が鏡に映ったものだ……。

渡り鳥のガンは甲殻類から生まれた。

クラゲが二つのノーベル賞をもたらした。

僕たちの世界という鏡に海が映っている。
僕たちの世界は海が鏡に映ったもので、
海は僕たちの世界が鏡に映ったものだ……。

10

海は鏡

かつて、海は神秘的な存在がうごめく場所として想像されていたが、それは「鏡の伝説」という、長く語り継がれつづけてきた古い伝説が存在するからだ。

地上の生き物と同じ名前の海の生き物がこんなに多いのはなぜだろう、と疑問に思ったことはないだろうか？

ノアの方舟の乗組員全員を水のなかに見出すことができるようだ。猫の魚《ポワソン・シャ》（ナマズ）、象の魚《ポワソン・エレファン》（エレファントノーズフィッシュ）、サソリの魚《ポワソン・スコルピオン》（ミノカサゴ）、仔牛の魚《ポワソン・ヴァシェット》（コンゴウフグ）、リスの魚《ポワソン・エキュルイユ》（トガリエビス）、オオカミの魚《ポワソン・ルー》（オオカミウオ）、キリンの魚《ポワソン・ジラフ》（オーネイトキャット）、若鶏の魚《ポワソン・プーレ》（アオチビキ）、ウサギの魚《ポワソン・ラパン》（センニンフグ）、ヒキガエルの魚《ポワソン・クラポー》（バトラコイデス）、海の野ウサギ《リエーヴル・ドゥ・メール》（アメフラシ）、海の象《エレファン・ドゥ・メール》（ゾウアザラシ）、海のライオン《リオン・ドゥ・メール》（アシカ）、海の雌牛《ヴァッシュ・ドゥ・メール》（ステラーカイギュウまたはマナティ）、海の豚《コション・ドゥ・メール》（モンガラカワハギまたはセンジュナマコまたはネズミイルカ）、海の犬《シアン・ドゥ・メール》（小型のサメ）、海のヒョウ《レオパール・ドゥ・メール》（ヒョウアザラシ）がいる。さらに、海のブドウ《レザン・ドゥ・メール》（コウイカの卵）、海のトマト《トマト・ドゥ・メール》（ウメボシイソギンチャク）、海のキュウリ《コンコンブル・ドゥ・メール》（ナマコ）まである。他のいろいろなものについても、海のなかに見出せる。海のナイフ《クトー・ドゥ・メール》（マテガイ）、海の星《エトワール・ドゥ・メール》（ヒトデ）、石の魚《ポワソン・ピエール》（オニダルマオコゼ）、ノコギリの魚《ポワソン・シ》（ノコギリエイ）、月の魚《ポワソン・リュヌ》（マンボウ）、トランペットの魚《ポワソン・トロンペット》（ヘラヤガラ）、トランクの魚《ポワソン・コフル》（ハコフグ）、風船の魚《ポワソン・バロン》（フグ）……。職業だってある。僧侶のアシカ《フォック・モワン》（モンクアザラシ）、枢機卿の魚《ポワソン・カルディノー》（テンジクダイ）、ピエロの魚《ポワソン・クラウン》（クマノミ）、兵士の魚《ポワソン・ソルダ》（イットウダイ）、外科医の魚《ポワソン・シリュルジアン》（ニザダイ）。神聖な存在もいる。海の天使《アンジュ・ドゥ・メール》（ホンカスザメ）、海の悪魔《ディアブル・ドゥ・メール》（イトマキエイ）、ユニコーンの魚《ポワソン・リコルヌ》（テングハギ）……。

これらの名前は古代の鏡の伝説に由来するようだ。僕たちの先祖は、水面という鏡面の向こう側にある海中世界を陸上世界のパラレルワールドとみなしていた。陸上に存在するものそれぞれに関して、対応する存在が海のなかに当然いるものだと考えていたのだ。

先祖代々のこの理論は、おそらく先史時代に自然に生まれた。たしかに、海には世界が映っているように見える。空の色が海に広がり、鳥が空を飛ぶように魚が水中を泳いでいる。

大プリニウスもこうした考え方を民衆が広く信じていると気づいていた。大プリニウスは、地中海の海岸と旅人の語りの波間にひそむ、レーズンにそっくりなコウイカの卵や、ノコギリウオのノコギリ、メカジキの剣（吻《ふん》）、そして海のキュウリ（ナマコ）に気づい

10

海は鏡

たのだ。大プリニウスはこの類似性に驚いた。タツノオトシゴが「小さなカタツムリ」の先端に馬の頭をくっつけたものに見えるように、海の生き物は、地上の生き物に少し手を加えただけの複製のようではないか。大プリニウスは、この観察成果を説明するために、生き物の種子や胚は波や風に運ばれて海と空のあいだで交わり、そこで二つの世界の住民が交わる、という仮説を提唱した。

　時代が変わっても、人々は『博物誌』を書き写して伝え、伝説は生き残った。地上の生き物に対応する存在が海のなかにいるという考えはヨーロッパ全土に広がり、人々の心のなかに浸透していった。

　中世には、大プリニウスの古い考察を写本家の修道士たちが文字どおりに受け取っていた。鏡の伝説は、宇宙論的な概念になっていく。ヴィテルボのゴデフリドゥス、カンタンプレのトマス、ティルベリのゲルウァシウスといった、まるで騎士道文学の叙事詩に出てきそうな名前の中世の高名な学者たちは、海はパラレルワールドであり、必然的に、陸上のそれぞれの生き物について対応する存在が海に見られるとした。騎士ゲルファシウスによれば、海のなかの対応する存在は、陸上の生き物に「頭からへそまで」は似ているが、その先に魚の尾がついているのだという。この海の世界には、動物と植物だけでなく、陸上の人間と同じように文明化された住民もきっと住んでいるはずだと考えられていた。

　そして、海で新しい生き物が見つかるとすぐに、偉大な人物たちは、それに対応する地上の存在が何なのかと考えた。

メカジキとその剣のような吻は海の騎士の剣で、ウミガメは海の騎士の盾、最も大きいカニは海の騎士の兜という具合だ。

当時の画家は、陸上の動物については実物を参考にすることができたが、魚を見て描くことはほとんどできなかった。そこで、陸上の動物にとても似ている獣を描いてそこに魚の尾だけをつけた。動物誌を埋めることになったこうしたイラストによって、水中世界についての伝説はさらに長生きすることになった。

この鏡の理論は、神がもつ創造の力を強調するものだったために、教会から支持された。この理論によって、勝手な空想や、少なくとも独創的ではある取り決めが生まれた……。

大西洋岸の岩や漂流する流木の上に、一見、短い黒い管の先に鳥のくちばしのような形をした明るい色のムール貝がついているように見える、エボシガイという固着性の甲殻類がいることがある。エボシガイは十七世紀のヨーロッパ沿岸にたくさん生息していたが、これに対応する地上の存在は見つけられていなかった。

10

海は鏡

イギリスの聖職者は、この問題に対する予想外でかつ巧妙な答えが得られる機会に飛びついた。冬の終わりの四旬節の時期には、司祭も市民も、四十日にわたって禁止されていた肉の味を待ち望んでいた。この季節には、エボシガイのついた流木が北欧の海岸に流れ着く。同じころ、空には、カオジロガン（コクガンの一種）という、白と黒の体色のガンが、北へと渡りはじめる。巣づくりのために、まだ知られていない場所へと消えるのだ。当時は、北極海にあるガンの繁殖地、スヴァールバル諸島のことは誰も知らなかった。

ウェールズの修道士、ジェラルドは、ある考えにたどりついた。彼は、カオジロガンがどこかへ飛んでいき、エボシガイがどこからともなく流れ着いたのを見つけた。そして彼は四旬節の断食のために、脂ののったおいしい料理を食べられないのがつらかった。……そこで、この三つの問題をひとまとめに解決することにした。エボシガイの管の「首」と貝の「くちばし」を見ることで、エボシガイは未成熟な「ガンの子」だと結論づけられる、と書き、さらにこの発見を広めた。この甲殻類はカオジロガンの海中の対応物であり、遠くの海でガンになるというこの意見を、専門家はこぞって称賛した。流れ着いたエボシガイの個体というのは未成熟であり、まだくちばししかできていない。しかし、やがて羽が生え、翼ができ、成熟するとカオジロガンになって飛び立つというのだ。こうして、当時の聖職者は、ガンはエボシガイに由来する海の幸であると宣言した。そのおかげで、中世のヨーロッパ中の人たちは、四旬節のあいだもガンの肉にありつくことができたのだ。

この甲殻類は、当初は「アナティフィエ（*anatifier*）」、その後、「アナティフ（*anatife*）」と名づけられたが、これはラテン語では「ガンを産む者」を意味する。イギリス人は今日でも、カオジロガンもエボシガイも、「バーナクル（*barnacle*）」という同じ名前で呼ぶ。

この考え方は長いあいだ信じられ続けた。十六世紀のフランス人作家、ラブレーは『ガルガンチュアとパンタグリュエルの物語』[*1]でこの説に言及した。十九世紀初めまで、スコットランドではガンは海の幸だと考えられていた。ただ、カオジロガンの本当の来歴は、修道士ジェラルドにも想像できないような、甲殻類とは関係ない上に別の意味で信じがたいものだ。この鳥は六千キロメートルにもわたる危険な旅をして北極の険しい断崖に隠れ

エボシガイとカオジロガン

たところに巣をつくる。旅の最中に迷子になることはけっしてない。また、この鳥は、生まれてから数時間のうちに、まだ飛ぶこともできないにもかかわらず、断崖から水かツンドラの苔へと身を投げる。落下する距離はしばしば百二十メートルにおよび、この小さな羽毛のボールが岩場の上で荒々しく弾むことになる。しかし、たいていの場合、雛は柔らかく軽いので、この過酷な経験を生き延びることができるのだ。

長いあいだ、中世以降でさえ、僕たちの祖先の想像のなかで、海は陸上の世界の鏡であり続けた。そのため、それまで知られていなかった新しい種の登場は、しばしば、海中文明の存在を示すしるしではないかと思われた。博物学者で医者だったフランスのギヨーム・ロンドレは、一五五一年に「海の司教」を観察したと記録している。司教の服を来た海のモンスターが北海にいたのだという。ポーランド王の宮廷で珍奇な見世物として差し出されたこの「司教」は、すぐに海に戻りたいという意向を示し、十字を切って挨拶しながら遠ざかり、その後海に戻されたという。ルネッサンス期の人々は、海中文明の使者を

＊1　ラブレーの代表作で、伝説上の巨人族親子を主人公とする物語。

見たと信じていた。しかし、どうやらこれは、ズキンアザラシという、オスの頭に赤い袋がついている、ヒレをハンドサインのようなやり方で動かす動物だったようだ。そうでなければ、海の司教の背後には別の奇妙な生き物が隠されていたのかもしれない。多くのいかさま師たちによって、「水中の聖職者の衣装」と称して「驚異の部屋」[*2]でその生き物の乾燥した皮膚が売られた。その生き物とは、ある大型の軟骨魚類のことだ。ヨーロッパ北部では司教だとみなされ、南部では天使だと考えられていた。ニースでは、二十世紀の初めまで、平らな羽とざらざらとした皮膚をもった大量の魚がエイとサメの中間の速度で泳ぎ、しばしばイワシ漁師の網を破壊していた。大きな羽を見て、漁師たちはこの魚を「lu pei ange」と名付けた。「天使の魚」または「海の天使」という意味だ。この魚、ホンカスザメ（*Squatina squatina*）は、今では海岸であまり見られないが、ニースとアンティーブのあいだの「天使の湾（ベ・デ・ザンジュ）」という名前にその記憶をとどめている。

今日では、鏡の伝説を信じている人はいない。生命はバクテリアの共同体という形で海のなかで誕生し、だんだんと多様化して植物と動物になったことをみんな知っている。いくつかの生き物は進化して、酸素を求めて水より酸素濃度の高い陸地に飛び出した。この

10

海は鏡

生物たちが陸地を支配した。水中にとどまってさまざまな形態をとった生物もいた。クジラの先祖などの生物は、一度は水中を離れて地上の生活に適応したが、また海に戻り、収《しゅう》斂《れん》進化*3というメカニズムによって、環境に適応できるよう魚と似た特徴を新たに獲得した。

　鏡の伝説は忘れ去られ、時代遅れの古い迷信が書かれた動物誌と同じ運命をたどった。島と間違えられるほど巨大なクジラが描かれた版画や、海の怪物を追い払うために奏でられた笛のメロディーと同じように消えていったのだ。

　しかし、科学技術はその後を引き継ぎ、この伝説に、いやむしろ、この伝説を自らの鏡に映したものに命を吹きこもうとしている。今日、そしてそれは未来の傾向でもあるが、僕たちの陸上の世界は水中世界にインスパイアされて、まるで鏡のように、水中世界に似ようとしている。
　進化によってシュモクザメ（ハンマーヘッドシャーク）が出現したのは、ハンマーが誕

---

*2　十五世紀から十八世紀にかけてヨーロッパでつくられた、珍品を集めた博物陳列室。
*3　系統的に大きく異なっている異種の生物が環境に適応した結果、類似の形態や機能をもつように進化する現象。

生する何百万年も前だ。最初の真珠層ができたのも、人間が複合材料をつくりだすはるか前のことだ。自然界は、生命の三十五億年の歴史を通じて発展し、種が確実に生き残るために数えきれないほどの技術的解決策を生み出し、自然淘汰によってテストしてきた。その結果、あらゆる分野の発明家たちの計り知れないインスピレーションの源となる宝が生みだされてきた。

「バイオミメティクス」[*4]と呼ばれる創意工夫によって海をまねすることで、僕たちの世界は少しずつ海の鏡になりつつある。建物の波状のトタン屋根はホタテガイの丈夫な構造をまねしたものだ。多くの飛行機の胴体部分は魚の流体力学的形状に発想を得ている。手術用ロボットはタコの触手の柔軟な敏捷性を模倣している。イモガイの毒からホヤのタンパク質まで、海の生き物の分子をコピーしてできた薬も数え切れない。自然界は人間の技術者たちをしばしばしのぎ、多くのお手本を与えてくれるのだ。

海溝に生息する、ガラス海綿とも呼ばれるカイロウドウケツ（*Euplectella aspergillum*）という海綿動物は、炉も化学工場も用いずにガラス質の骨格を形成することができる。そして、カイロウドウケツのガラスは特別な光学特性をもち、光ファイバーよりも高性能なため、プランクトンの生物発光による光を強めて照明器具のように利用し、植物プランクトンを引きつけて養うことができる。この奇妙な海綿動物は一万三千年生きると言われている。カゴのように編まれたカイロウドウケツの骨格には、ドウケツエビという小エビのつがいがまだ小さいうちから移り住む。ドウケツエビは、成長するとカイロウドウケツから出られなくなり、死ぬまでカイロウドウケツのなかで過ごすことになる。カイロウドウケツは夫婦の契りの固さを象徴するだけではない。[*5] 将来、カイロウドウケツの骨格の研究から多くの発明が生まれるかもしれない。すでにカイロウドウケツから着想を得て、建築的構造、生体適合性[*6]をもつ人工器官や革新的なガラス素材が開発されている。

ほかにも海から生まれた革新的技術が存在する。砂混じりの糞を砂浜にまきちらす虫、タマシキゴカイのヘモグロビンは、ヒトのヘモグロビンの四十倍の酸素を運ぶことができるだけでなく、あらゆる種類の血液に適合するという強みももつ。そこから着想を得ることで、今日では、移植のための臓器を、これまで用いられてきた方法に比べて十倍近く長く保存できる製品をつくりだすことができるようになった。

＊4　生体のもつ優れた機能や形状を模倣し、工学・医療分野に応用すること。

＊5　カイロウドウケツという名前は「夫婦が長生きして死後も同じ墓に葬られること」から転じて「夫婦の契りの固いこと」を意味する「偕老同穴（かいろうどうけつ）」という言葉に由来する。海綿から出ずにつがいで暮らすことから、当初はドウケツエビに「偕老同穴」という名前が与えられたが、後に海綿のほうを「カイロウドウケツ」と呼ぶようになった。

＊6　毒性や損傷を生じたり拒否反応を起こしたりすることなく生体組織・器官系と適合する性質。

海に存在するインスピレーションの源は、僕たちの世界に驚くべき結果をもたらしてくれる。

北米の海に生息するオワンクラゲ（*Aequorea victoria*）というクラゲは、他のクラゲ類やカイアシを捕食している。獲物を引き寄せるため、オワンクラゲは蛍光タンパク質を利用して強力な緑色の光を発することができる。この狩りのテクニックを模倣することによって人類は二つのノーベル賞を獲得し、世界についての知識に新たな光が当てられることになるのだが、自分の半分ぐらいの大きさのクラゲをつかまえては、口を膨張させながら呑みこんで食道楽の喜びに浸るこのオワンクラゲは、そんなことは夢にも思わなかっただろう。

「ＧＦＰ」と呼ばれる蛍光タンパク質を、このクラゲが合成する方法を手本にして研究室内で合成したことによって、生化学に革命が起こったのだった。

タンパク質は遺伝子を表現したものだ。ＤＮＡのコードはタンパク質の形に翻訳される。つまり、生体の器官のあらゆる次元と内部メカニズムがＤＮＡにコード化されているということだ。今日では試験管内でＤＮＡからタンパク質を合成したり、場合によっては、いくつかのタンパク質を次々につぎ足すことでその集合体をつくったりすることもできる。クラゲのＧＦＰをタンパク質につぎ足すことによって、その一端を発光させられるようになり、生体メカニズムに混乱を与えることなく細胞のなかのタンパク質を追跡することが、その働きを視覚化することができるようになった。コミュニケーションをとっている最中のニューロンや、翻訳されている最中の遺伝子、さらに他の多くの秘密のプロセスを、ただ発光させるという単純な方法によって観察できるようになったのだ。GFPのおかげで、目には見えないが僕たちの健康にとっては基本的なメカニズムを視覚化させて理解できるようになった。この発見の先駆者たちは二〇〇八年にノーベル化学賞を受賞した。[*7]

蛍光タンパク質をより細かく観察するために、新世代の顕微鏡も開発された。「超解像度」の顕微鏡、すなわち、光の波長よりも小さいために原理的に見ることができない対象でも見ることができるようになる顕微鏡だ。これは科学界の新たな革命であり、その発明者たちにも二〇一四年にノーベル化学賞が与えられた。[*8] 下《しも》村《むら》脩《おさむ》、マーティン・チャルフィー、ロジャー・チエン、エリック・ベッチグ、ウィリアム・モーナー、ステファン・W・ヘル。この二つのノーベル賞の受賞者たちのなかには、物理学者もいれば化学者もいる。国籍もアメリカ、ドイツ、日本とさまざまで、出身国を見てもルーマニア、中国、日本、アメリカと同じくさまざまだ。一般の人々には彼らの名前や功績があまり知られてい

＊7 「緑色蛍光タンパク質GFPの発見と開発」に対して、下村脩、マーティン・チャルフィー、ロジャー・チエンにノーベル化学賞が贈られた。

＊8 「超解像度蛍光顕微鏡の開発」に対して、エリック・ベッチグ、ウィリアム・モーナー、ステファン・W・ヘルにノーベル化学賞が贈られた。

ないとしても、彼らは間違いなく私たち人間の生活を変えるために協力して研究を行った。海溝のオワンクラゲが発光しているように、この発明者たちの名前も科学史のなかで光り輝いている。

　海中の生き物の技術を模倣することによってテクノロジーが進歩したのと同じように、彼らが生きていくための原理が人間の社会をよりよくするのに役立つかもしれない。かつての鏡の伝説では、水中に文明が存在すると考えられていた……。だが、実際に、モデルになりうるような共同体をもっている生き物は海のなかにたくさんいる！

　海は、人間の世界のヒントになるようなダイナミックさを備えている。海の生態系には、浪費も廃棄物も存在しない。たとえば、サンゴ礁における空間の最適化が都市に影響を与えることもあるかもしれない。さまざまな種の共存の方法は、人間の社会にとって模範になるだろう。リーダーをもたずに同時に行動する魚の群れにおける意思決定のしかたから、新しい政治思想が生まれるかもしれない……。

　でも、なぜ、発明家の仕事や、都市計画にたずさわる政治家の決断を待たなければいけ

10

海は鏡

ないのだろう？　僕たち個人のレベルでも、海の生き物たちの生態とその驚くべき生き方は、ひとりひとりにとってのヒントになりうる。

サンゴが海藻とバクテリアを大切に体内で育てているように、僕たちも、海の生物から学んだ生き方を手本として大切にすることができる。元の海に戻ろうという当初の目的をけっしてあきらめずに楽観的な希望をもって生きるウナギの我慢強さから刺激を受けることができる。あるいは、殻に入ってきた砂粒に傷つけられるというどう考えてもうっとうしい場面でも、その不利な状況をひっくり返して真珠を生み出すカキの創造性から学ぶこともできるはずだ。

もしかしたら、中世の碩《せき》学《がく》やラテン語詩人たちが鏡の伝説にこれほど強くこだわっていたのは間違いではなかったのかもしれない。僕たちも一瞬でいいから、当時のように信じてみたらどうだろうか？　鏡を反対側からのぞいてみたらどうだろうか？　僕たちが知っている海の生き物に対応する存在を、陸上の世界で探してみたらどうだろうか？

そうすると、周りにいる人間たちが、海のなかで出会える生き物に対応する地上の存在だということに気づく。知り合いのなかに、群れたときに感じられる安心感を好み、ひとりになると存在感を消してしまう、イワシみたいな人がいるはずだ。自分について、直接的ではないかたちで語るホタテガイのような人にもきっと出会っていることだろう。あるいは、どんな状況にもうまく適応してリラックスし、身振り手振りを交えながら語り、聞き手に合わせて七変化する、タコのような人。シタビラメの世界のように平坦な二次元的な話し方をする人もいれば、あるいは、三次元をたっぷり使って海のなかを泳ぐように、身振りとイントネーションを変えて話す人もいる。

よく見てみよう。人混みのなかでも、耳を澄ました人にだけ聞こえるたくさんの物語を殻のなかに収めた貝のような人を見つけ出すことができるはずだ。あるいは、名声を博して波乱に富んだ物語を隠しもっているにもかかわらず、そのすばらしい実態は慎ましく隠している、シー・サーペント伝説のリュウグウノツカイのような人。あるいはまた、偏光の信号を用いるシャコや、電気魚のように、世界を僕たちとは違うふうに見ていて、僕たちの目には見えない色を身につけている人たち。

運がよければ、誰にも歌声を聞いてもらえない孤独なクジラとだってすれ違うことができる。そして、もしかしたら僕たちのうちの誰かがそのクジラに返事ができるかもしれないじゃないか。

11

海との会話

コバンザメを思い出す。
イーデンのシャチたちの美しい友情を思い出す。
イルカが人を助けて……からかう。

11

海との会話

海が僕たちに語りかけてくる。会話を始めるために、返事をするのはどうだろう。

海の生き物との会話がもつひそかな魅力を最初に教えてくれたのは、コンバーだ。コンバーはハタの親戚で、パーチに似ていて、地中海の海底の岩場に住んでいる。この魚は好奇心旺盛な見張り番だ。乱入者が来ると近づいて、他の魚に知らせる。生息場所が近いので、タコを探すときにはこの魚が目印になることが多い。コンバーがいる岩場の前を通るたびに、コンバーは穴から現れては僕の前で立ち止まり、不思議そうな様子でこちらをまじまじと見てその場にとどまる。それは僕の存在に関心があるからこその行動に見えた。シュノーケルをつけてダイビングスーツに身を包んだ人間というこの奇妙な生き物にどんな秘密があるのかを理解しようとしていたのだ。僕とコンバーは身振りと視線でお互いの好奇心を伝え合った。とても原始的ではあったが、コミュニケーションには違いない。お互い、何を言おうとしているのか、そのすべてを理解することはできなかった。でも、そもそもどんな会話においてもすべてを理解する必要などない。そんなことは、いつだって不可能なのだ。

僕は、感動的な交流へと発展することになるような海の生き物たちとの出会いの機会に恵まれた。沖に生息する無邪気で好奇心旺盛なこの生き物たちのことはけっして忘れない。純粋に野性的で、人間のことをまったく知らないので、人間を恐れようともしない。だから、僕たちを見に近づいてくるというのが、彼らの最初の反射的行動だった。アンコウと視線を交わすと奇妙な感情が呼び起こされる。沖にいる直径二メートル近いこの魚は、平べったくて灰色でＵＦＯのようだが、自ら進んで船に向かって泳いできて、乗っている人を観察するために船の側面に近づく。よく知られておらず、孤独で、僕たちとはまったく違うが、僕たち人間に興味をもち、僕たちの物語を読み解こうとする。無関心が蔓延した僕たちの社会ではあまり経験しない感覚だ。イトマキエイは、大型の船が通ると初めのうちは怖がっているように見える。ところが、船のモーターの回転が遅くなると、大きくＵターンして船体の下に近づき、旋回しながら不思議なダンスを踊る。片面は白く反対側が黒い大きな三角の翼が水中を舞い、青い海の中に降り注ぐ光線をさえぎる。イトマキエイの丸い目は船の甲板に向けられ、その目からは驚くべき二足歩行の生き物が沖の日常をひとときかき乱しているのが水面を通してぼやけて見える。ゴンドウクジラの仲間である、コート・ダジュール沖を夏に訪れる大型のクジラは、船の近くで遊ぶために何時間もとどまることがある。この動物はしばしば「スパイ・ホッピング」と呼ばれる行動をとる。水

11

海との会話

面から頭を出して、海の上の世界とその住民である人間を観察するのだ。

クジラは僕たちの世界に視線を向けて、僕たちを観察しようとする。太平洋のザトウクジラは、人間を眺めるために水面の上に目を出し、反応を観察するために胸ビレを空中に出して打ちつけてみせる。この行動からも、クジラが僕たちとコミュニケーションをしたがっていることがわかるだろう。

この会話は現代では失われてしまった技術だ。人間同士でしているような、本当の会話を海の動物とした人はおそらく誰もいない。しかし、人間の存在と自然の生態系が切り離せなかった時代には、この種の会話の一端をマスターした祖先も少なくなかっただろう。この言葉いらずの関係は断片的に今日まで生き残り、いつかまた同じように水中の生き物と人間がコミュニケーションをとれるようになることの証にもなっている。

オーストラリアの先住民の文明は四万年も続いた。オーストラリア先住民はかつて自然とのあいだに、あらゆる点で神秘的で、しかも緊密な関係を築きあげていた。すでに忘れられてしまった謎に満ちた技術によって、たとえば、艦隊の動きを遅らせたと大プリニウスに濡れ衣を着せられた、あの吸盤のついた魚、コバンザメと会話することができた。

ヨーロッパ人にオーストラリアが「発見」されて以降、トレス海峡のオーストラリア先住民の独創的な漁の技術について、多くの探検家が記録を残している。カメやサメや大型の魚を捕まえるために、オーストラリア先住民は細い縄の先にコバンザメをくくりつけた。漁師は丸木舟に乗って獲物に近づく。丸木舟は半分水に浸かっていて、船体の底にはコバンザメがくっついている。カメかサメに気づいたオーストラリア先住民は、船からコバンザメをはがし、静かに放り投げる。コバンザメはこっそりと泳ぎ、いつもの習慣で獲物を警戒させることなく吸盤でくっつく。そこでオーストラリア先住民は、コバンザメに結びつけた縄を少しずつ引っ張る。コバンザメは吸盤で獲物から身を離さないどころか、吸着力を強めて獲物を後ろに引っ張る。こうして獲物は罠にかかる。イギリスの探検家の報告によると、獲物が底に無理やり沈もうとするタイミング、つまり縄を引くべきタイミングを、コバン

コバンザメ

11

海との会話

ザメが縄を通じて電信のように伝えるのだという。人間とコバンザメの結束は強く、縄が切れてしまったときにコバンザメが自発的に船のほうに戻るほどだという。漁と漁の合間、コバンザメはきれいな水が入った池で飼われ、毎日餌をもらえる。コバンザメを用いたこの漁法で、漁師はカメやサメやさまざまな大型の魚を捕まえる。この伝統的な漁法によって海の資源が脅かされることはなかった。オーストラリア先住民の伝統では、自然に漁獲量が定められていた。ひとりひとりの年齢ごとに、また魚の種類ごとに消費量が決められていたからだ。海の大型動物の肉を食べることは、年配者の特権だった。この方式によって、一度減少すると個体数の回復までに時間のかかる種の乱獲が防がれていた。また、大型の捕食者の体内に蓄積された水銀は若者や妊婦に有害だが、若者や妊婦がこうした水銀を摂取して中毒に陥ることもなかった。

　探検家が報告したコバンザメ漁の話は、ヨーロッパ本土の学者たちにはあまりに非現実的に思え、真実だと信じられなかった。だが、たくさんの旅行者たちが同じ技術について公式に記録していて、たくさんのイラストと細部の描写も残されている。さらに、この技術はオーストラリア以外でも、世界のあちこちで見られた。クリストファー・コロンブスは、彼がインドだと信じていた場所でのコバンザメ漁について記した最初の人物だろう。キューバやジャマイカといったカリブ海湾岸のそこここでも同じ話が報告されている。一七七〇年にコメルソン[*1]がモザンビークでコバンザメ漁が行われているのを発見した。アフリカ東部、タンザニアのザンジバルについても、イギリス領事ホルムウッドが一八八一年に報告している。だが、このノウハウをもっている人間は少しずつ減っていた。その文化と伝統は西洋文明との接触によって消えていった。

一九〇五年にイギリスの学者ホルダーは、事実を確かめるために、自らコバンザメを使ってウミガメやサメを捕えようとした。漁の技術についてのさまざまな観察・描写を参考にして、キューバのサンゴ礁で挑戦したのだ。しかし何度試しても、コバンザメは思ったとおりには動いてくれなかった。獲物まで泳がないこともあれば、獲物にくっついてはくれてもコバンザメにつけた縄をわずかに引っ張っただけでコバンザメが獲物から離れてしまうこともあった。コバンザメが逃げる素振りを見せてサメの食欲を刺激し、ひと口で食べられてしまうこともあった。失敗だった。ホルダーは、オーストラリア先住民やその他の民族が知っているコバンザメ漁には何か秘訣があると結論づけた。とりわけ、コバンザメを協力する気にさせ、縛られて自由が奪われていると感じさせずに縄に結びつけておくには何かが必要なようだった。もう一度実験するには、この技術についてもっと調べる必要があるとホルダーは考えた。だが結局、それ以後に実験されることはなかった。コバンザメ漁の技術はあまりにも伝統的で複雑であったため、近代技術の登場とともに姿を消した。民族学者は孤立した民族によって一九八〇年代までこの漁が実践されているのを観察している。だが、彼らの誰ひとりとして、コバンザメとの対話の秘密や、コバンザメの信頼を得て助けを借りる方法を理解し記述することはできなかった。その秘密はおそらく、漁を取り囲むいくつもの儀式のなかに隠され、魔術的な歌や伝統のダンスのうちに溶けこみ、口頭伝承の物語として伝えられていたのだろう。もはや、コバンザメと話すことができる人はいない。

先住民だけが海の生き物と会話した唯一のオーストラリア人だというわけではない。一世紀以上にわたって、オーストラリア南東部のニュー・サウス・ウェールズに位置するイギリス植民地だったイーデンは、ヒトとシャチのあいだの並外れた友情を上演する劇場となっていた。

イギリスの捕鯨者にシャチと会話することを教えたのは、おそらくユイン族の労働者だ。一八六〇年代というこの時代、ザトウクジラの捕獲は、小さな手漕ぎ船から銛《もり》で行ってい

＊1　フランスの植物学者、博物学者。ルイ・アントワーヌ・ド・ブーガンヴィルの世界一周探検船に乗船し、植物を採集したことで知られる。

た。危険な仕事ではあったが、この孤立した地域で暮らしていくには必要なことだった。船の修理の専門家であった親子、アレクサンダー・ダビッドソンとその息子ジョンは、この冒険的な仕事に取り組んでいた。

ダビッドソン一家はプロテスタントの道徳観を非常に大切にしていた。同じ労働に対しては同じ給料が支払われるべきだと信じていたダビッドソンは、当時としては例外的にオーストラリア先住民の従業員にも白人の従業員と同じだけの給料を払っていた。そのためにダビッドソン一家はユイン族からも感謝され、お返しとしてシャチの助けを借りてクジラを捕獲する方法を教えてもらえた。結局、ダビッドソン家はシャチと手を結び、イーデン港のクジラ狩りの専門家になった。

シャチは海岸に沿ってパトロールし、クジラが通るのを見ると、尾を水面に打ちつけて漁師に知らせた。イーデンの住民は海岸からこの大きな水音を聞きつけると、全速力でボートに乗りこんだ。シャチは集団で、銛の射手を案内し、クジラを彼らのほうに誘導する。狩りのときには、人間とシャチは、オールやヒレを水面に打ちつけることで会話し、実行する作戦を伝える。この同盟の条件は「舌の掟」を守ることにあった。漁師は、クジラの身のうち極上の肉である舌を報酬としてシャチに与えたのだ。こうして人間とイーデンのシャチ部隊のあいだには真の協力関係が築かれたが、それは食べ物を確保するためだけの関係にとどまるものではなかった。シャチにはそれぞれ名前がつけられ、個性も認識

11

海との会話

されていた。とりわけ、ひときわカリスマ性のあるシャチのオスのオールド・トムとダビッドソン家の末の息子であるジョージは、強い絆で結ばれていた。

　オールド・トムには、仲間たちから、何かあったら人間に知らせるという役割が与えられていた。オールド・トムはしょっちゅうおどけていたために、漁師たちからは「ユーモア作家」と呼ばれていた。オールド・トムは、歯を引っかけて船のロープにつかまることが好きだった。漕ぎ手に引っ張らせて楽しむのだ。あるいは、船を進行方向の逆に引っ張って船の動きを遅くさせて面白がった。長いあいだ綱引きをして遊んでいた。だが、クジラを狩るときがくると、逆に口でロープを引っ張って船を牽引し、漕ぎ手の労力を減らしながらクジラを追いかけた。そのため、オールド・トムの歯はすっかり擦り切れていた。船乗りが海に落ちたときには、泳いで助けに行き、水面に浮かせてサメから守った。ジョージ・ダビッドソンは、ただ楽しむだけのためにオールド・トムとよく泳いでいた。ジョージにとって、シャチは家族の一員だったのだ。シャチが船の乗組員を見守り、そのお返しに、ジョージ・ダビッドソンはシャチの群れを見守っていた。シャチを法律によって守り、シャチを狩ろうとするノルウェーの漁師を見つけると警察に通報し、シャチが網にかかっていると解放した。シャチと人間との友情は、一八四〇年から一九三〇年まで、三世代にわたって続いた。それは、貴重な証言にもとづく映画や写真によって記録されている。エンジンの付いた船や大規模産業ならではのやり方でクジラを大量に殺す捕鯨砲が発達しても、イーデンの港では、シャチとの友情が育まれ、あくまで生きるために必要な分だけを捕獲するために、クジラ狩りはボートのみで行われていた。

海を裏切った人間は、不幸な出来事で報いられた。一九三〇年のシーズンは不漁だった。ノルウェーの大規模捕鯨業者たちのせいで、イーデンまで逃れてきたクジラの数が少なかったのだ。ローガンという農民が、銛の射手として、ジョージ・ダビッドソンのボートに乗りこんでいた。オールド・トムは小さなクジラを追いこんで確実に捕まえられるようにしていた。とてもやせていたこのクジラは、おそらくこのシーズンの最後の一頭だろうと思われた。捕獲したクジラの身からシャチの分け前を切り出そうというとき、ジョージとローガンは言い争いになった。ローガンは、シャチと分け合うにはそのクジラの身はあまりに小さすぎると思ったのだ。これでは冬のあいだ明かりを灯すのに十分な油がとれない。一方、ジョージは、何があっても、祖父母や両親、さらには

オールド・トム

11

海との会話

それ以前の先住民がしてきたように、「舌の掟」を守るべきだと言った。雷雨が来て、港に早く戻らなければいけなくなった。ローガンは怒って、クジラを少しでも早く陸揚げしろと命じた。仲間の強い口調にジョージは反対できなかった。オールド・トムは、最初はただの遊びだと信じていたが、だんだんと疑う様子を見せながら船を追いかけた。クジラにかじりついたまま、ロープを引っ張って船の進みを遅くしようとした。だが、船は港へと速度を上げる。最後の綱引きだった。悲しい結末が待っていた。オールド・トムは何本か歯を失ってしまった。オールド・トムがくわえていた肉片を船乗りが無理に引きはがそうとしたからだ。この日、船に乗っていたローガンの娘は、次のように報告している。傷を負ったシャチが絶望して海に潜っていったとき、父親のローガンは「なんてことだ。でも、いったいどうすりゃよかったんだ」とつぶやいていた、と。それ以来、イーデンのクジラ漁を手伝うためにシャチが来ることはなくなった。シャチの助けが得られなくなったイーデンの住民はクジラを捕獲できなくなった。

　この裏切りから何カ月かして、船乗りたちは、近くの湾に打ち上げられたオールド・トムの死体を見つけた。この年老いたシャチは、おそらく歯を失ったせいで飢えて死ぬことになったのだろう。後悔の念にさいなまれたローガンは、お金を出して、オールド・トムの骨とすでに失われてしまった海との同盟関係の思い出のために礼拝堂を建設した。港はいまも存在する。友情の裏切りによって失われた楽園という意味で、イーデン（Eden）[*2]

はまさにぴったりの名前だ。

それでも、人間と海が会話するという伝統のいくつかは今日でも残っている。

たとえば、人間とイルカが協力し合う関係は、いまに始まったことではない。大プリニウスがすでにこう書いている。現在のパラヴァス＝レ＝フロの近くに位置する、海につながったラテラという潟《かた》で、住民がイルカと驚くべき友情を結んでいた。毎年、ボラが回遊してくる時期になると、「住民全員が」集まってきて大声でイルカたちを呼ぶ。北風が吹きすさぶ海岸で「シモン」「シモン」とイルカの名を叫ぶのだ。大プリニウスによれば、この名前はラテン語で「低い鼻」を意味する「シミウス（*Simius*）」という言葉を想起させるが、自虐の意味を理解できるだけの知性を備えたイルカたちは、自分たちが呼ばれていることも、その鼻について愛情をこめてからかわれていることもわかり、喜んでやって来たという。そして、大きなイルカたちは海岸沿いに巨大な群れをなし、ボラを人間の網に追いこみながら、その網を城壁のように利用して、途中で獲物を数匹食べるのだ。

この物語は、他の話と並べると、いかにも大プリニウスのつくり話っぽいが、なんとこの話は実話のようで、同じことは最近でも行われていた。モーリタニアで、イムラゲンと呼ばれる人々によってボラを捕獲するために同じ技術が使われているのだ。かつてはムーア人の奴隷だったイムラゲンは、数十年前に解放されるまで、何世紀にもわたって主人に対する魚の供出を課せられていた。しかし意外なことに、イムラゲンの人々は、この苦境のなかで忠実な仲間を当てにすることができた。イルカたちだ。イムラゲンは、大プリニウスの時代のカマルグ地方の人々の習わしのようにイルカを「シモン」と呼ぶことこそなかったが、その代わり、イルカを引き寄せるために、打楽器を演奏するときのような正確なリズムで水面を叩いた。人間とイルカは協力し、迷路のような網でボラを海岸に打ち上げた。悲しいことに、この技術は少しずつ見られなくなり、いまやモーリタニアでもほとんど用いられていない。

一方、ブラジルのラグナにある村では、二百人以上の漁師がイルカの家族とともに生活している。泥の多い潟では、投網《とあみ》という、魚の上に投げて使う釣鐘形の網で魚を獲る。イルカはソナーを使って濁った水のなかでボラを見つけることができる。人間はそれができないが、こちらは網を使ってボラを捕まえることができる。ラグナでいつどのようにこの人間とイルカの同盟関係が始まったのかは知られていないが、いまでは、この共生関係は

＊2　この地名はイギリス人政治家ジョージ・イーデンに由来するものだが、旧約聖書の創世記でアダムとイブが追放されたと記される楽園エデンと綴りが同じ。

どちらにとっても不可欠なものになっている。

イルカは、漁師とコミュニケーションをとり、どこに網を投げるべきかを頭や尾で指し示して教えるための言語を発明した。イルカは世代から世代へこの言語を伝えている。さらに、人間に協力するイルカたちの集団は固有の文化的特徴を有している。このイルカたちは、自分たちの集団に属することを好み、他の集団には混ざらない。音響学的な分析によれば、ラグナで人間に協力するイルカたちには固有の「アクセント」や鳴き声があって、その点が人間と「話す」ことのない同種のイルカとの違いである。漁師たちのほうも、自分たちに固有の言い回しやイルカとの共同作業のための特殊用語をつくりだした。漁師たちはイルカの個体を識別し、名前をつけている。ラグナの海で二つの文化が交わっているのだ。水上と水中の二つの物語が、ポルトガル語とイルカの鳴き声という二つの言語で書かれているのである。

人間と海の生き物の関係は、食べ物を探すための協力関係だけではない。むしろ、まったく利害関係のない、互いの好奇心によるものであることが多い。

僕はかつて、ポリネシアのティピュタ海峡で、水中に潜ってバンドウイルカを観察する

11

海との会話

機会に恵まれた。僕はそのとき、イルカたちと驚くべきやりとりができたのだ。そのイルカたちは、単なる遊び心からダイバーに近寄ってくる。いたずら好きで愛情深いイルカたちだ。彼らがあまりにも物理的接触を求めてくるので、彼らを野生の自由な状況にとどめておくためには、無関心を装ったり、触りたい気持ちを抑えたりしなければいけないほどだった。海のなかに突然一頭のイルカが現れるのは、まったく非現実的な出来事である。映画の舞台セットとつくりものの動物を見ているかのように感じられ、イルカたちは完璧であると同時に異質に思えるのだ。

　水面に向かうダイバーの集団から立ち上る泡のまわりを、二頭のイルカが不思議そうに行ったり来たりしている。一頭が僕たちを視界の端に収めた。すると、共犯者然とした様子で泡のカーテンの隙間を静かに旋回し、無重力状態にいるかのように後ろにのけぞった状態で止まった。それから、わざとらしいぎこちない様子でのけぞったままヒレを小さく動かすと、頭の上の噴水孔から泡を吐き出した。からかってくるようなその視線から、僕はイルカがおどけているとわかって嬉しくなった。僕は、イルカが僕たちをまねしていると気づいた。僕たちがぎこちなく泳いで泡を立てるのを見て、それをまねて特徴を誇張してみせたのだ。模倣という本能的な反射によって僕たちから何かを学ぼうとしたのだろうか、それとも、単にこちらをからかっているだけだろうか？　おそらく、その謎めいた鳴き声のなかに、僕たちには解読できない答えがあるのだろう。でも、相手の言葉を理解できなくても、僕たちは一緒にまねっこ遊びをすることで、真の仲間として何かをすることができた。今回は、僕たちを鏡のようにまねているのは海のほうなのだ。

水中の生物との真の会話は、それが真摯なものであれば長く続いてきたが、そういう会話は人間が彼らの言葉を理解することをけっして必要とせず、水中の生物に自分たちの言葉を教えることも必要としない。言葉を教えこむことは、ある程度は可能だ。捕まえたイルカやアシカを調教し、たくさんの単語を理解させ、言われたとおりに行動させることはできる。だがそれは、こちらの言うことを聞かせようとしているだけであって、自発的に耳を傾けてもらおうというのとは違う。

イムラゲンやオーストラリア先住民やティピュタ海峡のダイバーは、イルカやコバンザメと言葉を交わそうとはしなかったが、言葉を超えたところにあるものを共有しようとした。彼らは、動物を調教して言葉を教えこもうとしたりはしない。彼らの世界の一員になろうとしたのだ。他の種の発する声を完全には理解できなくても解釈はできる。そして、意志は言語の壁を越えられる。たしかに科学によって海の生き物の言語が解読可能になると夢見るのもおかしいことではない。科学の力で僕たちの言語を相手に伝えられるようになり、お互いの会話を翻訳できるようになるかもしれない。でも、言語の翻訳は会話に不可欠なものではない。数千年前から、会話は現に行われていたのだから。

言葉のない会話は刺激的で、人間同士の会話にとってもよい例になるだろう。言ってみれば、人間ひとりひとりも異なる固有の言語をもっていて、イルカと人間のあいだと同じように、他の人は完全にはその言語を理解できないはずなのだ。それなのに、僕たちはみんな、話すときに完璧に理解してもらおうとする。相手の言語を使って話そうとしたり、相手に自分の言語を無理やり理解させようとしたりする。ひとりひとりがもっと自由に、自然に、自分なりのやり方で、自分のスタイルで話したらどうだろう？　すべてを翻訳しようとするのではなく、心で相手の話を聞こうとしたなら、そして完璧には理解してもらえないことを恐れずにしゃべろうとしたなら、どうだろう？　イルカはイルカの言語を使って話す。人間は人間の言語を使って話す。だが、ポリネシアの潮の流れのなかで、お互いに聞き合い、お互いに理解し合うことができるのだ。

11

海との会話

海の真ん中でカタクチイワシを見つけるために海鳥が大声でしゃべっているときにも、同じ原則が適用されている。たとえばアジサシは、興味深いものを見つけると鳴き声を発するが、この鳴き声は他の生き物にも伝わる。カモメ、ミズナギドリ、船乗り、クジラがみんなその声を聞いて信号を受け取る。誰も、アジサシが何を言っているのかを正確には理解していないが、そのことはたいした問題ではない。この小さな白い鳥、北極と南極を行き来する鳥は、その鋭い声でどんな動物でも奮い立たせ、従わせることができるカリスマ的な存在だ。見事な色のタイセイヨウクロマグロと僕がめぐりあったのは、鳥たちとのこの魅力的な会話を発見したときのことだった。

12

よいマグロを見つける

鳥たちの飛翔を読み解く。
マグロの缶詰がオルゴールになる。
マグロについての物語が語られる。

12

よいマグロを見つける

僕が初めてマグロを見たのは、いつ、どこでだっただろうか。じつをいうと、ほかの人とたいして変わらない。三角形のサンドウィッチの具材のツナサラダのなか、あるいは学校の食堂で食べたツナサラダのなかに入っていた。つまり、僕が出会ったマグロはフレーク状のツナだった。

このツナ・フレークになる前の驚くべき姿に出会ったのは、何年かあとのことだった。

そのとき僕はコルシカ島とユーラシア大陸の中間にいて、四方を水平線に囲まれていた。三百六十度広がる無限とも思える海原にどこか不安にさせられた。視界の下半分に広がる青い世界が少し怖かった。不安になるのはもっともだ。なにしろ僕たちの船は、広大な青い海面の下に隠された険しい山や深い谷の上、二千メートルもの深みの上を漂っていたのだから。

でも僕は、広大な海上で孤独を感じると同時に安心もしていた。この真っ平らに広がる海面を漂う船の上にいれば、何かが遠くから近づいてきてもすぐに見つけられるはずだ。

日が昇ってくると、空と海を分ける水平線がくっきりと浮き出て、ぼやけたブルーの空間に朝のオレンジ色のカーテンが下りてきた。目を閉じて、海から吹きつける風を感じる。東の方向に目を向けると、鏡のように輝く水面に目がくらむ。まるで、白熱した金属の塊に日光が降り注いでいるかのようだ。反対の方向に目を移すと、落ち着いた濃い藍色が広がっていた。

初めは何もなかった。静かな水面、さざ波の立つ水面があるだけだった。ときどき、波がうねる。ここには水と空気しかない。

「向こうに何かがいるよね?」

双眼鏡の二つの円筒を通して見える世界に小さな点が飛び回っている。

「どこ?」

「五時の方向」

「鳥だ」

何もないところに白い点が現れた。鳥たちが突然、海から現れるさまに驚かされた。水面すれすれに波の隙間を通り抜けたあと、鳥たちは双眼鏡の視界から消えた。そして突然、空と海の境目に再び現れた。

鳥は決然とした様子でまっすぐ飛んでいる。

12

よいマグロを見つける

「アジサシだ。追いかけてみよう」

やがてそれは二羽になり、十羽になった。魔法のようにどこからともなく現れ、同じ軌道を飛んでいる。互いを信頼して、鋭い声で呼び合っている。

ミズナギドリが水面すれすれを飛び、水平線をなぞった。数えきれないほどのカモメが、まるで海に塩とコショウを振ったかのように空中に広がる。不格好な飛び方で旋回している。

高く飛び上がったアジサシは、そのまま夢中になって上昇と下降を繰り返した。そのうち一羽が急にターンし、扇のような尾を振って今度はUターンした。反対側の水平線に薄い白い線が描かれた。これもアジサシだ。大きな声で鳴く鳥の群れとともに、僕たちはアジサシの飛んでいった方向を目で追いかけた。海が泡立ちはじめる。

すると突然、海が何百メートルも広がる泡のかたまりになり、堂々とした水しぶきの音と、混ざり合う閃光でいっぱいになった。捕食者に襲われた膨大な数のカタクチイワシが水面へと押し出され、きらめいている。シロカツオドリが真っ逆さまに、まるで槍のように泡のなかに突っこんでいく。イルカが俊敏に行き来して渦のなかへと泳いでいく。群れをなしたアジサシが熱を帯びたように海に飛びこみ、何かに夢中になった子供のような様子のミズナギドリがお腹を水面に打ちつけた。その瞬間、巨大な紡錘形の黒っぽい姿が光り、海面から空中に飛び上がってから虹色のしぶきを上げて再び水面に落ちるのが見えた。

耳をつんざくようなすさまじいマグロの「叫び」が突然あたりに響きわたった。

マグロの叫びは時代を超えて響きつづけている。五千年以上前から、地中海では人間の鼓膜を震わせている。時代によって、マグロはさまざまな声を人間に聞かせてきた。

新石器時代の僕たちの祖先たちにとって、マグロの叫びは、部族のなかの見張り役によって大きな貝で吹き鳴らされる単調な長音だった。部族の見張り役は何週間にもわたって、高い崖の上から、マグロが岩場と浜のあいだを回遊する年に一度のチャンスを待っていた。見張り役は、とてつもない力をもつこの輝く生き物にまつわる伝説を、毎晩思い返していた。以前、彼は、想像力をめぐらせながら長いあいだ待ちわびていたせいで、この生き物がどんな姿だったかを忘れてしまった。そしてこの生き物の姿かたちを思い出そうと、先人が炭で絵を描いた洞窟の岩壁を見にいったのだった。マグロが入り江の透明な水のなかでその色鮮やかな姿を現すと、見張り役は大きな真珠質

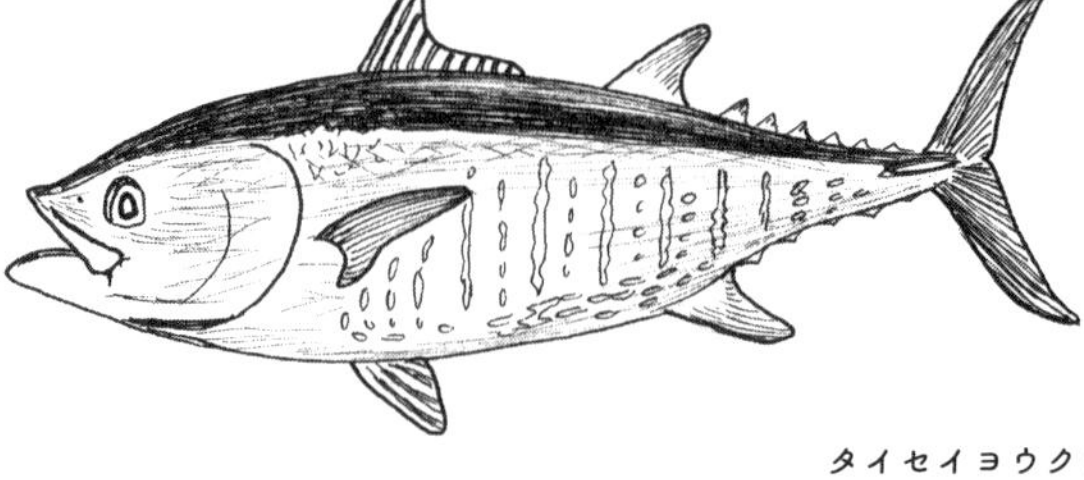

タイセイヨウクロマグロ

12

よいマグロを見つける

の法螺貝に思いきり息を吹きこんだ。

考古学の発掘調査によると、新石器時代の人々はマグロを岬の岩場で捕まえていた。海岸沿いを泳いでいたために囲いこむことができ、そのまま追いこんで海辺に打ち上げさせた。マグロの霊的重要性を物語るプロヴァンスやシチリアやクレタ島の洞窟の壁画には、マグロを捕まえる任務についた銛の射手の装備が描かれている。先史時代の方法でマグロをものにすることは伝説的な手柄だったのだ。

タイセイヨウクロマグロは並外れた能力を与えられている。沖合での生活に適応して、ほかの生物と異なる青い体で泳ぎつづけている。

タイセイヨウクロマグロは休む場所を知らず、泳ぐことをやめない。海流に乗って旅する永遠の旅人だ。眠っているときすら泳いでいる。前に進んでいるあいだしか呼吸できないため、泳ぐのをやめると溺れて沈んでしまう。エラが機能するのは、水流がたえずエラにぶつかっているあいだだけなのだ。マグロの体は筋肉の塊で、巨大な心臓によってその活動が維持されている。他の器官は必要最小限の大きさしかない。この筋肉の塊に必要なものを供給するために、その呼吸と血流のシステムは動物界で最も効率がいい。

また、この放浪生活に必要なエネルギーを獲得するために、マグロは食事しつづけなければいけない。カタクチイワシの群れ、オキアミの群れ、イワシの群れ、サバの群れ……。

マグロはどれも食べることができる。必要があればクラゲも食べる。絶えず泳ぎつづけるので、マグロは毎日、自分の体重と同じ量の餌を食べなければならないのだ。海岸にクラゲがたくさん現れるかどうかはマグロの数によって決まる。この食欲のおかげで若いマグロは大きくなる。若いうちは、マグロは毎年体重を倍増させていく。

生まれて一年もしないうちに、マグロは六十日かけて大西洋を横断できるようになる。バハマの温水からアイスランドの凍結した海へと旅するために、マグロは自分の体温を水温より高く保つことができる。（他の多くの魚が変温動物であるのに対して）マグロは魚のなかで唯一の恒温動物である。

「（マグロは）自然の驚異である」とアリストテレスは言ったらしい。おそらくマグロについて何も知らなかったにもかかわらず。

マグロの叫びは、動物好きなギリシャ人とローマ人にも聞こえていた。彼らはマグロをアンフォラ[*1]に入れて、古代世界のあちこちの港に運び、何年もかけて熟成させたあと、油と一緒に味わった。当時は、海にマグロがたくさんいた。アレクサンダー大王の艦隊は、巨大なマグロの群れに航路をふさがれたとき、戦闘隊形をとることを余儀なくされたという。

12

よいマグロを見つける

その時代の偉人たちは、マグロの回遊する習性を理解しようと試みた。人間にとって身近な世界から飛び出しては、再び戻ってきて同じルートをたどるという、この壮大な旅の理由を知ろうとしたのだ。アリストテレスは、マグロは左目が見えないのでつねに海岸を右側に見ようとして地中海沿岸を泳いでいるのだと考えた。また、マグロは黒海の入り口の白い断崖の輝きを恐れて回遊するコースを曲げている、とも考えていた。

マグロに関する知識は、いまやアリストテレスの時代と比べると大いに増えた。それでもなお、マグロが回遊する理由は巨大な謎のままだ。

中世には、マグロの叫びは歌になった。マグロ漁に大謀網《だいぼうあみ》[*2]を用いる人たちのための歌である。海岸近くに網を使った巨大な迷路がつくられた。そこに迷いこんできたマグロの群れを囲いこみ、銛の餌食にしたのだ。これは危険な労働だった。かぎ爪を装備して、泡と血にまみれながら水中で暴れまわるマグロの群れのなかに降りていき、何家族も養えるほどの大きさのマグロを群れから孤立させ、陸に打ち上げる。網のなかに降りていく勇気を絞り出すため、人々はカノンを合唱した。地中海の漁師によって、大謀網を用いる技術は

*1　古代ギリシャの壺。
*2　大型の定置網の一種。

修正され改善された。各文明がそれぞれ技術の細部に修正を加えて歌に節をつけたのだ。今日でも、大謀網の歌は地中海沿岸のあちこちで、聖書やコーランの祈り、カトリック教徒の信仰やイベリア人が語り継いだ伝説と渾然一体となってそれぞれの言語で歌われている。

マグロの歌と叫びは、何千年ものあいだ地中海に響きつづけてきた。しかし、その歌声は危うく止んでしまうところだった。

一九五〇年代以前、日本人はマグロのトロの部分を特に好んではいなかった。トロの部分は、ネコの餌になっていた。日本人は昔から寿司を好んで食べるが、彼らは脂っこい魚の価値は低いと感じていた。

他方、日本のハイテク製品をヨーロッパやアメリカに運んでいた物流会社は、その帰り道に欧米から日本に何か輸入できないかと考えをめぐらせた。

大規模な経済成長を遂げていたこの国で何かをはやらせるのは簡単なことだった。マグロを真水につけて、日本人の嫌いな鉄っぽい味を抜くだけでよかった。強力なキャンペーンを展開したことによって、三十年前まではネコにも見下されていたトロという部位が、スポーツカーのような値段で取引されるようになったのだ。

　タイセイヨウクロマグロの産卵場をターゲットにした、利益の上がる漁に参入するために、補助金によって最新の技術を導入した巨大なまき網漁船がヨーロッパ各国でチャーターされるようになった。すでに大謀網も、昔ながらの底引き網も、延縄《はえなわ》も、銛も使われなくなっていた。マグロ漁師たちが受け継いできた多くの職人技と数千年もの伝統は、徐々に消えていった。それだけでなく、禁止されてしまった。マグロは大規模漁業会社の船主が専有する資源になった。かつて人々を魅了したこの魚は、獲られる前に値をつけられた。卵を産むために集まったところを群れごと囲いこまれ、蓄養[*3]のための囲いに移され、その囲いのなかで無遠慮な人間たちに見守られる。そしてこの一連の過程の前に取引所で値がつけられた。水揚げされたマグロは冷凍室付きの飛行機で、ねばねばした寿司飯と醤油という終《つい》の住処に送られる。マグロの資源量はすぐに減少しはじめ、貴重なものとなって値が上がり、そのためにまき網漁船による漁がますます盛んになるだけでなく、非合法の漁のネットワークまでも活発になった。

　二〇〇〇年代の初め、集中的に獲られた十年間が過ぎると、タイセイヨウクロマグロの

＊3　水産動物を短期間飼育すること。

資源量はかつての十五パーセントにまで落ち込んだ。

　ありがたいことに、僕らはいまでも、遠洋で、地中海で、マグロの叫びを聞くことができている。だが、いったいどのような奇跡が起きているのかは誰も知らない。マグロが海に戻ってくるという奇跡を前にすると、海が僕たちをあざわらうかのように、その度量の大きさを見せつけているのではないかという気になってくる。

　二〇〇〇年代の終わりにまき網漁船に対して課された規制は、おそらく資源保護の役には立ったが十分とはいえなかった。リビアに波及した「アラブの春」も、タイセイヨウクロマグロの「漁獲枠ロンダリング」に関するリビアとフランスのまき網漁船の同盟関係を壊すことで、マグロの保護に貢献した[*4]。しかし、タイセイヨウクロマグロの個体数が十分に増加したのは、太陽の活動や海流、その他のまだ解明されていない多くの好条件が二十年間も都合よく重なってくれたためのようだ。好条件が重なったことによって、また、マグロを尊重する先人たちの精神を人々が継承したことによって、タイセイヨウクロマグロの群れは奇跡的に沿岸に戻ってきてくれた。いまはまだ猶予期間ではあるが、あらためてまた豊富な資源量を回復してくれるだろう。

　僕がマグロに会いに行くのは、マグロの神秘を理解するためでもあるし、保護に協力するためでもある。僕はタイセイヨウクロマグロに記録タグをつけるプログラムに参加している。ボランティアとして参加し、モナコ・スポーツフィッシング協会の船に乗る。僕たちの目的は、捕まえにくいマグロを捕まえて記録タグをつけ、その秘密を解明することにある。

　マグロのすさまじい叫びが響いた。船の上はパニックだ。金色のリールがきしみ、荒々しく泳ぐマグロの重さに引っ張られてナイロンの釣り糸を二十メートルも吐き出す。船の後ろのほうから指示が飛ぶ。他の釣り糸はいったん巻き上げることにする。安全帯をつける人もいる。それぞれが定位置につかなければならない。船から数百メートルのところにいるマグロは、止まることなく進んでいる。

　マグロが船から離れていくにつれて無情にも繰り出されていく釣り糸を巻き戻すために、マグロを追いかけなければならなかった。マグロをUターンさせて船の方向に戻らせるという、力と策略が問われる戦いだった。

　釣り糸の向こう側の端では、マグロの口に曲がった細い針がついているはずだが、マグ

＊4　タイセイヨウクロマグロは資源保護のために各国に漁獲枠が割り当てられているが、リビアの漁船のなかには実質的にフランスの支配下に置かれているものがあり、フランスが漁獲したにもかかわらず正しく計上されていない分があったと考えられている。

ロからしたら、いつものように獲物の小魚の骨が引っかかったものでしかないのだろう。こちらも全体重をのせて糸を引き、ポンピング[*5]して引っ張っていたが、それではマグロの進行方向を変えることができなかった。

しかし、最終的にマグロは飽きたようだった。船と垂直の方向に大きくターンしながら、少しずつ水面に上ってきたのだ。マグロは降伏したわけではない。まったく弱ってはいない。ただ船を近くから見るために戻ってきたかのようだ。その目には、たやすく損なわれることのない誇りを見て取ることができた。マグロは屈してはいない。捕まってあげることを選んだだけなのだ。このときのマグロの目つきは忘れられない。

こちらに泳いできたマグロは、まるで船を従わせているかのようでもあり、これ以上ないほどに美しく、箱から出したばかりの新品のおもちゃのように輝いていた。青い稲妻の縞模様、調和した線、想像力のほとばしる現代絵画のキャンバスのような赤褐色の斑点、流体力学的に完璧な形。このマグロのうしろから、十匹以上のマグロの群れの影が船を追いかけている。決然とした様子で一匹のマグロが群れを離れて自分の方向に進むと、群れの残りも、何か考えがあるのだろうと尊重し、信用してそのマグロを追いかける。こうして群れ全体を漁船に向けてまっすぐ引き連れてきてくれる。

12

よいマグロを見つける

重さが三十キロもあるこの動物は、船の近くで活力と色を取り戻した。その瞬間、僕はマグロの近くにしゃがみこみ、黒い数字のコードが印字された赤いプラスチックの小さな矢のような記録タグのついた棒を船べりから突き出した。マグロの背中に矢じりが引っかかる。タグをつけるために押さえつけたときに釣り針を口から抜いてやると、マグロは静かに海中へと泳いでいった。背びれにタグという真っ赤なスパゲッティをつけて。

まるで、海に流した手紙入りのビンのようだ。こうして記録タグをつけられたマグロは何百キロも泳ぎ、そしてある日、同じように小さなスパゲッティのような赤いプラスチックを背負った仲間とすれちがう。人間が電話番号を交換するみたいに、マグロもタグに書かれた番号を交換するのだろうか。

僕がマグロの記録タグづけプログラムに参加し、それをフランスで普及させはじめてから、何十人ものスポーツ・フィッシング愛好家がマグロの美しさに魅了され、マグロの背中に記録タグという「手紙入りのビン」をつけた。そうして何百匹ものマグロが再び海に

＊5　釣り竿を立てたり倒したりしながらリールを巻くこと。

放たれ、この赤いスパゲッティを背中にのせている。それによって、どのような旅をしているのかが明らかになった個体もいる。フランスで記録タグをつけられ、アメリカやアドリア海やバレアレス諸島などで見つかるマグロたち……。彼らはいまも泳いでいて、おそらくは十年後、どこでかはわからないが、三百キログラム以上もの体重になるころにまた、人間に出会うのだろう。

アリストテレスの時代と同様に現代でも人を惹きつけるマグロの回遊という現象は、いまだに謎に包まれているが、その秘密が少しずつ明らかになりはじめている。あまり動き回らずに、フランスとコルシカ島のあいだを往復しているだけの個体もいる。もっと大規模に移動し、ジブラルタル海峡を通ってカナダの海に現れる個体もいる。

この壮大な旅を解明することで、いつの日か、マグロ資源の国際的な管理と、より効果的な保護が可能になる。フランス沖に住んでいると思われていたマグロが、カナダにいることもあれば、モロッコにいることもあるとわかった。こうした旅人の保護に国際的な規制が必要なのはそのためだ。マグロ資源の国際的な管理に関しては、アメリカ、カナダ、モナコ、ノルウェーといった国が何年も前からマグロの持続可能な管理を説き、存在感を示している。

また、マグロに記録タグをつけることによって、スポーツ・フィッシャーたち、言い換えれば原始的な手段で動物を追いかけるこのモヒカン族の子孫たちが、マグロへの情熱を蘇らせている。先史時代から僕たちの祖先を駆り立て、何千年も続いた漁の伝統を支えてきた情熱だ。港町に伝わるマグロについての伝説や祭事に生命力を吹きこみ、人間と自然の力を結びつけ、人間と自然が相互に影響を与え合うような会話を促してきた情熱でもある。マグロがいるという期待を胸に、水平線を見つめ、鳥の飛び方を読み解く技術を、そしてマグロの叫びが聞こえたときの身震いを蘇らせようではないか。止まることなく前進しながら、僕たちの祖先に刺激を与えてきたマグロという生物に対する称賛と憧れを思い起こそう。

僕たちは、マグロがかつて持っていた声を、その持ち主であるマグロに返してあげているのだ。

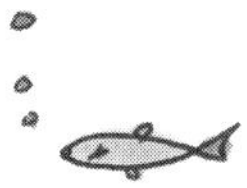

13

終わりは……魚のしっぽのようにすっきりと

東の方角を見ると、目がくらむほど太陽がまぶしい。沖合の青いパノラマを背景に、東から西に射した光が水面に反射し、軽やかなさざ波のリズムで踊っている。イワシが朝の静けさのなかに散らばり、そこらじゅうのプランクトンを飲みこむ。イワシの上では、水面に映った空が揺れている。イワシのパステルローズ色が、太陽に照らされた青い海に溶ける。

イワシの群れの下のほうでは、その影が西に延びて、夜のように暗い海底の深みに落ちていく。

より深いところを泳いでいたマグロが、イワシの影が踊っているのに気づいた。

マグロの接近は、イワシたちを身震いさせる。おびえたイワシの群れはすぐに再結集し、ひとつのかたまりになった。

海を映す鏡をつくること。それがマグロの目を逃れるために自分たちがとれる唯一の対抗手段だと、イワシたちは知っている。風景に溶けこみ、鏡になる。そのためには、群れ全体がタイミングを合わせて同じ角度に並ぶ必要がある。そうすれば、海の青色がイワシ

13

終わりは……魚のしっぽのようにすっきりと

の銀色の皮膚に反射し、海中の何もない空間と見分けがつかなくなる。その際、震えないようにしないと。たとえ偶然であっても、鱗のふちに映った空の輝きや、自分の存在を示してしまう光の断片のせいで目立ってしまうことのないようにしなくてはならない。イワシはまっすぐ進み、群れ全体で姿を隠し、敵から自分たちが見られないようにしながら身震いする。

　しかし、きちんと列をなして進むマグロ軍団の姿は、もうイワシの体に映っている。騙すことでなんとかできる段階はもう過ぎた。マグロの三角形の目がイワシの群れを捉える。長いヒレのついた黒い形が輪郭をとりはじめるのを、イワシたちは見た。すぐに色まで見分けられるほどになるだろう。マグロの青い稲妻の縞模様が、イワシの目をくらませるのにちょうどよい波長の紫外線の光を反射してきらめいた。まぶしいフラッシュがたかれた瞬間だ。

　マグロはいつも不意打ちで襲いかかる。イワシの群れの真ん中に先頭のマグロがロケットのように突撃し、それを避けようとしたイワシの群れは二つに切り裂かれる。群れの形を元に戻す時間は与えられない。そのあいだに他のマグロが到着する。マグロはあらゆる方向から集まり、水面に上がり、方向を見失ったイワシたちが大混乱を起こすことを狙って、勢いをつけて上から襲撃しようとする。マグロは次々に現れる。イワシの群れに衝突する何百もの飢えた砲弾だ。

群れはパニックには陥らない。目をくらまされ、驚かされても、群れを保つことによってのみ救われることをイワシたちは忘れず、互いを気にし合い、群れをつくり、全体が一匹の魚であるかのように振る舞う。攻撃する者の注意をそらすために、群れはアラベスク模様や奇妙な渦巻を描く。散らばることで攻撃を避けてはまた集まり、相手の視界をくもらせるためにあらゆる方向に太陽光を反射させようと試みる。

だが、マグロたちは遠くから昼夜を問わず旅してきたために、切迫した空腹感に突き動かされている。マグロは作戦を変更し、イワシの群れを水面に追いこむことにした。水面、それは空と水の境界につくられる、イワシには越えられない壁だ。

マグロの襲撃から逃れるために飛び跳ねた仲間が生み出した水流に運ばれ、一匹のイワシが水面から宙に浮かんだ。この乾いた空間にいる数秒間、混み合った海に再び落ちる前に、マグロの襲撃で見渡すかぎり湧き立つ海を、飛び跳ねることで湧き立つ水しぶきを、そして鳥たちが情熱的に飛び回る空虚なこの空を、このイワシは見た。海は、不可解な渦と水流の喧騒でしかなかった。この混乱のなかでは、他のイワシと互いの声を聞き合いながら組織だって行動することはもうできない。

13

終わりは……魚のしっぽのようにすっきりと

アジサシが左に曲がって急降下した。水の中に潜り、ぶくぶくと泡を残してから水面に泳いで上がり、くちばしをイワシでいっぱいにした。アジサシに捕まるのを避けることができたこのイワシも、水圧は感じた。海からも空からも同時に攻撃されて、どっちに行けばいいのかわからない。マグロがうしろで飛び跳ね、ぱちぱちと弾ける水面の泡のなかに落ちた。まだ群れに残っているイワシたちが急に動く。脇に取り残されたこのイワシは、群れに戻ることができなくなった。マグロは、いまはまだ遠くにかすんで見えているイワシの群れを口のなかに押しこむべく方向転換する前に、まずこのイワシを狙うことにして無駄のない動きで追いかける。このイワシは群れから離れて孤立している。敵から丸見えの状態にまで追い詰められ、守ってくれる仲間の群れからも離れてしまった。道はひとつしかない。まっすぐ前に泳ぐことだ。

青い海のなかで、鱗がたくさんはがれて雪のように舞っている。このイワシは、狙われてしまったことへの恐怖から、ただひたすらまっすぐ泳いだ。遠ざかるにつれ、銀色の鏡となっている自分の皮膚に映るマグロたちの宴会の光景は、どんどん小さくなっていった。いままでこの鏡にどれだけのイメージが映されてきたことだろう！　イワシは自分を見えないようにしながら、さまざまな場面を自分の体に映し、自分の身をまわりの風景の色合いに染めてきた。全力で泳ぎながら、かつて鱗に映してきた景色のことを思い出す。遊ぶイルカ、大きな船体、遠くの島の岩、奇妙なウミガメ……。たくさんの海の秘密をその身に映してきた。しかしいま、それが何の役に立つのだろう？　このイワシは単なる一匹のイワシにすぎず、弱々しく、マグロの胃液で溶かされることがほとんど決まっている。食物連鎖のごく小さな断片にすぎず、あらゆる捕食者にひと口に飲みこまれてしまう存在だ。このイワシに刻まれた物語が、海で繰り返される食物連鎖のサイクルのなかで消え去ってしまわないようにするには、どうすればいいのだろう？

　西暦七九年の夏、ベスビオ火山が噴火し、ローマ帝国の都市であるポンペイとヘルクラネウムにまでその被害が及んだ。大プリニウスはかつての任地のガリア・ナルボネンシス[*1]を離れ、ベスビオ火山からそう遠くないところに住んでいた。大プリニウスはこの並外れた自然現象に魅せられ、近くで観察したい、もっと知りたいと考えた。他の人が避けている現地に向かい、自分の軍船を出してナポリ湾を越え、火山噴火の詳細について記録し、それを描こうとした。灰が太陽を隠し、軽石があられのように降っていた。大プリニウスは、怖じ気づくことなく出来事の詳細を記録した。ところが危険な場所に着いて、さあ折り返そうというときになって、海以外に逃げ場がない火山の中腹に住んでいた友人のことを思い出した。大プリニウスは真理の探究に続いて、今度は救助活動を行おうとした。しかしそれが不幸な結末につながった。大プリニウスは火山の中腹に住んでいた友人を救うことはできたが、噴火によって生じるガスの危険を見落としていた。こうして、大プリニウスは火山の噴火による有毒ガスが原因で亡くなった。だが、今日でも読むことのできる最後の火山の描写も含め、彼が書いた物語は生き残った。煙の形はイタリアカサマツのようだった、と大プリニウスは書き残している。『博物誌』三十七巻のなかに残された物語は、書き写され、印刷され、共有されたので、およそ二千年経ったいまでも、『博物誌』を開けば、彼の語る物語に耳を傾けられる。大プリニウス自身は生身の人間だったが、彼の書いたものは、火山の噴火にも時の試練にも耐え生き延びた。では、イワシはどうだろう？　イワシの物語は残るのだろうか？

　このイワシは長いあいだ、時間の感覚がなくなるほど長いあいだ泳ぎつづけた。自分の周りの水が色を変え、自分の鱗に沖合の水色ではなく海藻の緑と岩の黄土色が映るようになったことにも気づかない。力尽きてよろめくと、意表をつくような波がこのイワシを新しい場所へと押しやった。陸地だ。緑色の網に持ち上げられたことも、自分がヒトデの柄が描かれたプラスチックのバケツのなかを泳ぎはじめたことも、このイワシはよくわかっていない。このイワシは、僕に捕まったせいで、いままで見たことのなかった、人間の目

*1　現在のフランス南部。

を見ることになった。そして、奇跡的に救われ、自由で危険な海へと戻されるとき、自分の物語のいくらかをこの人間に残すことを、そして自分を追いかける旅へと彼を駆り立てることを決めたのだ。

イワシを見習って、僕もまた先に進まなければならないときがやってきた。いくつもの水平線を越えた先に出会うべき新しい魚たちがいる。思いをめぐらせて理解すべき神秘がある。守るべき種がいるし、さまざまな生命が絶妙なバランスをとりながら存在しているこの海に僕自身の居場所を見出すために挑戦しなければいけないことがある。海の住人がささやく短い物語のなかには、学ぶべきこと、発見すべきことがたくさんある。きっとまた、読者のみなさんとも別のかたちで出会えるはずだ。そのときにまた、新たな発見について話すことにしよう。

おそらく読者のみなさんも再び、イワシやクジラやカイアシやカモメに出会うだろう。彼らは、今度はあなたを物語に満ちた旅へといざなってくれるに違いない。何があったのか、別の機会にぜひ僕に教えてほしい。

それまでのあいだ、僕たちを癒し、さらにまた別の物語を生み出してそれを共有するよ

13

終わりは……魚のしっぽのようにすっきりと

う駆り立ててくる、海の物語に身を任せてみよう。海の世界は言葉の世界と同じく自由な空間である。そうでありつづけなければならない。言葉を自由に使おうとせずに規則に従った表現や言い回ししか認めようとしないのは、海に壁をつくろうとするのと同じこと。海は特定の人だけのものではなく、みんなのためのものだ。そして、想像力もみんなに備わっている。だから、自分だけの言葉を話す孤独なクジラであっても、大きな群れに導かれるイワシの一匹であっても、発明家のタコであっても、コバンザメでも、慎ましいロブスターでも、それぞれが自分なりの方法で、自由に自分の物語を歌っているのだ。

僕が海の世界について夢想したことによって、読者のみなさんが何かを空想したり、それをもとに考えたり、友だちと共有したいと思うようになったり、まだ見つけていない生き物に対するまなざしをもつようになってくれたらうれしい。そして海の生き物の話を聞きたい、海の生き物について知りたい、海の生き物を守りたいという思いをふくらませてくれることを願っている。

本書が、海という、身近にあるにもかかわらずまだ知られていない新たな領域へとみなさんを導いていることを、そして本書を読むことによって、海岸で貝殻を拾い集めたといった海についての記憶が蘇ってくれることを願っている。さあ、貝殻を拾って耳に当ててみよう。きっと、海の声を聞けるはずだ。

エピローグ

本を一冊書くのはなんて大変なのだろう！　しかも、これを書いているのは夏の盛り。消音ペダルを踏んだピアノを弾くときのように、キーボードをたたく。修正したり、消したりしている最中、何かひらめいたときにかぎってパソコンがフリーズする。外ではトランペットを吹いている人がいる。この三週間、毎晩同じメロディーを吹いている。そのリズムに合わせてキーボードをたたくのはとても無理。紙の上の作業だと少しはましになるが……それでも校正作業もたいへんだった。アスピリンの箱を空にしながらページを埋める。修正の赤字だらけのページは、これから書き進めなければいけない白紙のページほどは怖くない。ただし、その違いは少しだけだ。

物語というのは、生命をもつようにできている。大きな身振りで友だちと語らうように、いろいろな質問や驚きの視線にさらされながら語られるようにできている。物語を文字にするのが難しいのは、それを固定しなければいけないからだ。つまり、ひとつの視点を選び、ひとつの次元に収めなければならない。海の物語は、言うことを聞かない野生動物のようなものだ。イワシが本を書かない理由もそこにある。

僕が書いているものについてイワシはどう思うだろう、とよく考えていた。都会にある書斎のなかで、海という世界を文字にする作業をしていると、海から遠ざかってしまう気がして怖かった。すべてを白いページ上の黒い文字に押しこめることで、自分が海の物語から離れたところに行ってしまうのではないか、その導きの糸を見失ってしまうのではないかと怖かった。その恐れのせいで、うまく書きすすめられなかった。この物語に命を吹きこみ直して、もう一度よく耳を澄ます必要がある。海の物語から遠ざかってはいないと、自信をもつ必要があった。

携帯電話の着信があり、机が振動した。注意力とひらめきが最も損なわれる瞬間だ。集中力が切れてしまったので、そのままメッセージを開いた。インスタグラムのダイレクトメッセージ。友だちが、とんでもない出来事について教えてくれた。シャッドをパリで見つけたというのだ。

僕にとってシャッドは、伝説上の存在でしかなかった。この大型のイワシはサケのように、かつては海からフランスのあら

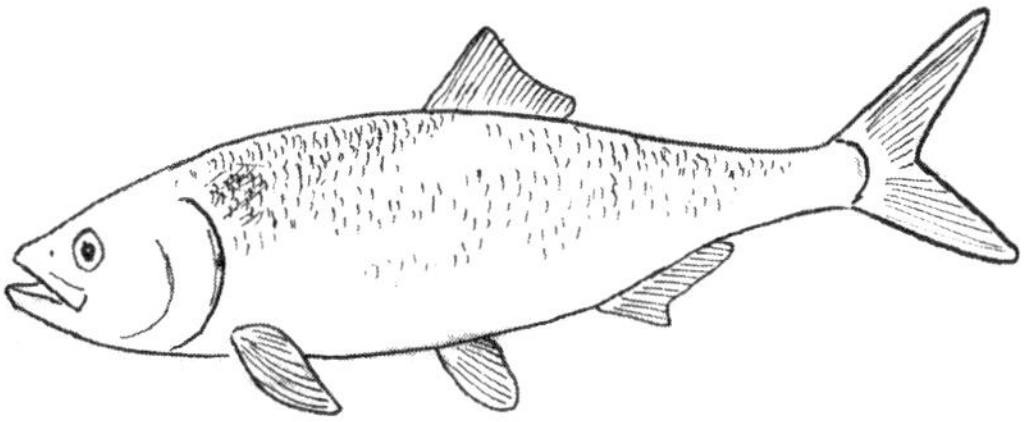

シャッド

ゆる川に生殖のために遡上していたと聞いていた。セーヌ川に最後に遡上したのは一九二〇年と記録されている。さまざまな伝統的な料理の素材として親しまれていたこの魚は、ダムと水質汚染によって移動を妨げられ、姿を消していたのだ。ところが、川の水質が少しずつよくなった結果、いつの間にか戻ってきているらしいという噂がインターネットを通じて広まっていた。見に行かずにはいられない。僕はすぐに友だちに返信した。「明日の夜、川のそばで待ち合わせよう」

　夏の初めのその夜、うっすらと虫に覆われたセーヌ川の水面には空が映っていた。水の流れが水面につくった渦がアラベスク模様のようだ。すべては突然始まった。銀色の輝きが渦のなかを走り、半月状の大きなしっぽが水面を打った。魚の薄青色の背中が水面を跳ねた。シャッドが数十匹、あるいは数百匹いる。川上で生殖するよう命じる本能の勢いに突き動かされ、流れを遡っている。この大きなイワシは、大西洋の遠いところから旅をしてきて、いま、パリの街中を泳いでいるのだ。僕たちの祖先が知らない現代というこの時代に、この大きなイワシはパリに戻ってきた。この魚たちはおよそ一世紀にわたって深海の暗闇に姿を消していたが、何ごともなかったかのように、今晩戻ってきてくれた。旺盛で雄弁なシャッドはセーヌ川でにぎやかに飛び跳ねていた。

　さまざまな団体から情報を得る代わりに、シャッドを一匹捕まえ、来歴をたどるためにその鱗を回収するというミッションが僕に課されていた。これで任務完了《ミッションコンプリート》。こんな魚を自分の手でつかむことができるなんて感無量だった。川に放してから遠ざかっていくまで、長い時間をかけてシャッドの金色の顔と藍色の反射をじっと見つめた。輝く体色は遠くの景色をよく反射し、その視線には海の記憶が宿されていた。この大型のイワシはしっぽを鋭く動かし、一定の速度で水源へと向かっていった。

　翌日、すっきりとした気持ちで原稿に戻ることができた。イワシがわざわざ訪ねてくれるなんて、都会の僕の家の近くにまで来て物語を耳打ちしてくれるなんて、さすがに思ってもいなかった。

訳者あとがき

本書『はぐれイワシの打ち明け話』は、フランスで二〇一九年に刊行された *Éloquence de la sardine : Incroyables histoires du monde sous-marin* の日本語版である。

二十代の物理学者ビル・フランソワの初めての著書である本書は、二〇二一年にはフランス政府高等教育・研究・イノベーション省が優れた一般向け科学書に与える「科学の醍醐味」賞の最終候補に選ばれるなどフランスで高く評価されているだけでなく、オランダ語、ポーランド語、ドイツ語、イタリア語、ポルトガル語、英語などにも翻訳されている。

二〇一九年二月、フランスで「グラン・トラル」というスピーチ大会が行われ、テレビ放映された。優勝者に与えられるのは、「最も優れた話し手」という称号と、「雄弁術」をテーマにした本がファイヤール社から出版されるという契約だ。決勝大会に出場したのはフランス全土から選ばれた十二人。十八歳から七十八歳と年齢も幅広く、職業も学生、医者、バスの運転手とさまざまだ。百五十万人近くが視聴したというこの番組の決勝戦は「私にとってのフランス」というお題についてスピーチするというもので、巧みな弁舌によってこの戦いを制し優勝に輝いたのが、当時二十五歳のビル・フランソワだった。そして、出版されたのが本書（原題はスピーチ大会にちなんだ『イワシの雄弁術』）である。ル・フィガロ紙のウェブ記事によると、彼が本番で見せた情熱的なスピーチの動画は、なんと一千万回以上再生されたという。

　言葉に対して熱い情熱を持ち、スピーチ大会の優勝者でもある彼は、前述のように物理学者でもあり、さらには自然保護活動家でもある。物理学者としては、現在パリの高等師範学校の博士課程で流体力学の魚の群れへの応用について研究し、自然保護活動家としてはマグロの資源保護に力を入れている。その活動については本文（第十二章）で自ら書いている通りだ。

　出版契約において「雄弁術」というテーマが指定されているなかで、著者が選んだ題材は「海の雄弁術」だった。本書は、海の生き物たちの生態や彼らが紡ぐ物語を私的な回想とともに描いたエッセイであり、自然科学的な話題だけではなく歴史上の興味深いエピソードも目白押しだ。

　エッセイとしての味わいがこぼれ落ちてしまうのは承知の上で、ここで簡単に内容を紹介したい。第一章から第五章までは、主に海の生き物たちの生態が紹介される。香りや色彩といった彼らが用いる「言語」や、海のサウンドスケープ、イワシの特徴、生物たちの種の違いを超えた交流、魚たちの子ども時代、貝や甲殻類の生態や人による利用の歴史がテーマとなる。第六章、第七章では、生態系の破壊もとりあげられる。著者は、モトアカウオ（メバルの仲間）やタラといった食用の魚たちを登場させて環境破壊に警鐘を鳴らすだけでなく、水産資源を守る港町の人々の努力をたたえ、資源保護・回復のために人間が果たすべき役割についても言及する。第八章では、パリの地下水道の探検が描かれ、パリという大都会に隠れている魚たちが主役になる。第九章から第十一章は、海と関わった人間たちの物語だ。空想上の生き物の歴史や、幻のシー・サーペントの正体、海の中には地上と同じようなものがあるのだとする「鏡の伝説」、その現代版であるバイオミメティクスといった興味深い話題にくわえて、コバンザメ、シャチ、イルカといった海の生き物と人間の対話にも光が当てられる。第十二章では、いまもなお（とりわけ日本人に）愛されているマグロの歴史や生態をはじめ、著者自身が関わっている保護活動が紹介され、マグロとイワシの攻防をドラマチックに描く第十三章で、本文はしめくくられる。

　本書を読む楽しさは、旅の楽しさに通じるものがある。とりあげられる地域や時代がそれだけ幅広いのだ。

　まずは、もちろんフランスの風景である。夏のバカンスの時期には地中海沿いのレストランで夕食を楽しみ、バカンスが明けたらパリに帰り、セーヌ川沿いを歩く……。読んでいるだけでそんなパリジャンの暮らしが目に浮かぶようだ。つぎに著者は、海の生き物をたどって世界中に思いを馳せる。サケはグリーンランドの海からフランスに帰ってくるし、反対に、ヨーロッパウナギはフランスを出てカリブ海まで旅をする。タラは北米からヨーロッパに運ばれた後に飛行機で中国とを往復し、巨大な真珠はフィリピンで発見される。イルカとともに漁をするのはブラジルとモーリタニアの人々だし、コバンザメを使って漁をしていたのはオーストラリアの先住民だ。さらに、著者の想像力の旅は時代も超えていく。紀元前五百年のシルクロードの砂漠、古代ローマ、ヴァイキングたちの海と、さまざまな時代や土地を舞台にした、まさしく時間旅行である。

　こうした幅広い話題を巧みにさばく著者の語り口も注目に値する。ある話題はユーモアとともにさらっと流し、別の話題はじっくり解説するといった緩急や、一見関係ない話題をうまくつなげてしまうスムーズな話の運びなど、読んでいてスピーチを直に聞いているような気分になった。

　そんな著者の流暢な語りを支えているのは、海に対する深い深い愛情だ。その愛ゆえに、著者は海の環境を破壊する者に対しては辛辣になるが、海の生き物や海を大切に思う人々、そして海に興味を持つ読者に対していつも優しい。

　本書を読むと、すでに知っている魚についてはさらに興味がわくとともに、海にはまだまだ自分が知らない生き物がたくさんいることがわかるだろう。さらには、海の生き物の世界が人間の世界に劣らず複雑で魅力的だということも……。そんな本書は、調べ物をしながら読むともっと楽しいかもしれない。じっさい、訳者として調べ物をしながら読むのはじつに楽しかった。熱心に魚の図鑑を眺めてはわくわくしていた幼い頃の気持ちがよみがえるようだった。本書には著者自身の手による素敵な挿絵がたくさん添えられているが、それでも全体では挿絵に描かれていない生き物の方が圧倒的に多い。見慣れない種名はインターネットや図鑑で、写真や動画を見ることができるだろう。川や海、水族館に行って実物を見られるものも多いはずだ。著者も、「（本書を読んで）海の生き物の話を聞きたい、海の生き物について知りたい、海の生き物を守りたいという思いをふくらませてくれることを願っている」（二五一ページ）と書いている。

本書のフランスでの出版社、ファイヤール社のウェブサイトには、本書の専用ページもあるようだ（https://www.fayard.fr/documents-temoignages/eloquence-de-la-sardine-9782213712949）。本書について著者が語るYouTube上の動画が見られるだけでなく、参考文献一覧が掲載され、英語の論文や書籍やウェブサイトも紹介されているので、興味のある方にはぜひご覧いただきたい。

最後に、翻訳にあたっては、光文社の辻宜克氏、そして翻訳会社リベルの皆さまに大変お世話になった。細かいところまでご指摘いただき、本当にありがとうございました。

二〇二一年九月

はぐれイワシの打《う》ち明《あ》け話《ばなし》

海《うみ》の生《い》き物《もの》たちのディープでクリエイティブな生態《せいたい》

2021年11月30日　初版1刷発行

著者 ———— ビル・フランソワ

訳者 ———— 河《かわ》合《い》隼《はや》雄《お》

カバーイラスト ———— 長《なが》崎《さき》訓《くに》子《こ》

カバー・本文デザイン ———— アルビレオ

発行者 ———— 田邉浩司

組版 ———— 新藤慶昌堂

印刷所 ———— 新藤慶昌堂

製本所 ———— ナショナル製本

発行所 ———— 株式会社光文社

〒112-8011　東京都文京区音羽1-16-6

電話 ———— 翻訳編集部 03-5395-8162

書籍販売部 03-5395-8116

業務部 03-5395-8125

落丁本・乱丁本は業務部へご連絡くだされば、お取り替えいたします。

©Bill François / Hayao Kawai 2021

ISBN978-4-334-96250-0 Printed in Japan

本書の一切の無断転載及び複写複製（コピー）を禁止します。

本書の電子化は私的使用に限り、著作権法上認められています。

ただし代行業者等の第三者による電子データ化及び電子書籍化は、

いかなる場合も認められておりません。

■好評既刊

サラ・パーカック 著　熊谷玲美 訳

宇宙考古学の冒険

古代遺跡は人工衛星で探し出せ

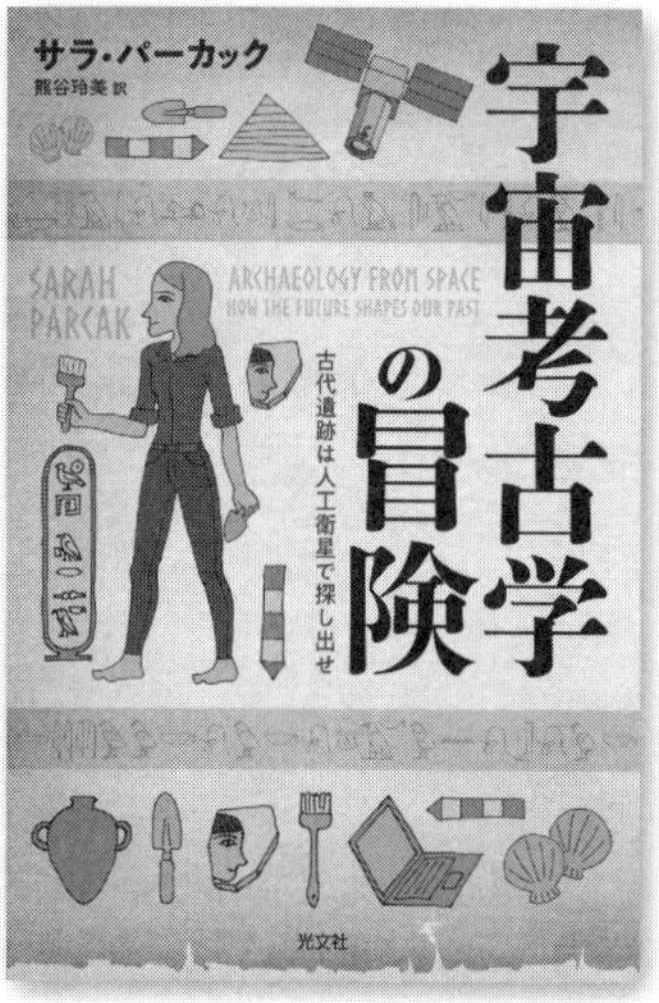

四六判・ソフトカバー

TED Prize（2016年度）受賞。
地中や密林に隠れた遺跡も発見！

人工衛星からのマルチスペクトルな高分解能画像を分析し、隠れた遺跡を探索する「宇宙考古学」。その第一人者であり、「現代のインディ・ジョーンズ」と称される気鋭のエジプト学者が、最新技術と昔ながらの考古学者の情熱でなしとげた数々の発見を紹介しつつ、未来における考古学の可能性を語る。

（解説／河江肖剰）

■好評既刊

マシュー・グレイ・ギュブラー 著　久保陽子 訳

バナナのかわをのつけたら

ランプル・バターカップのおはなし

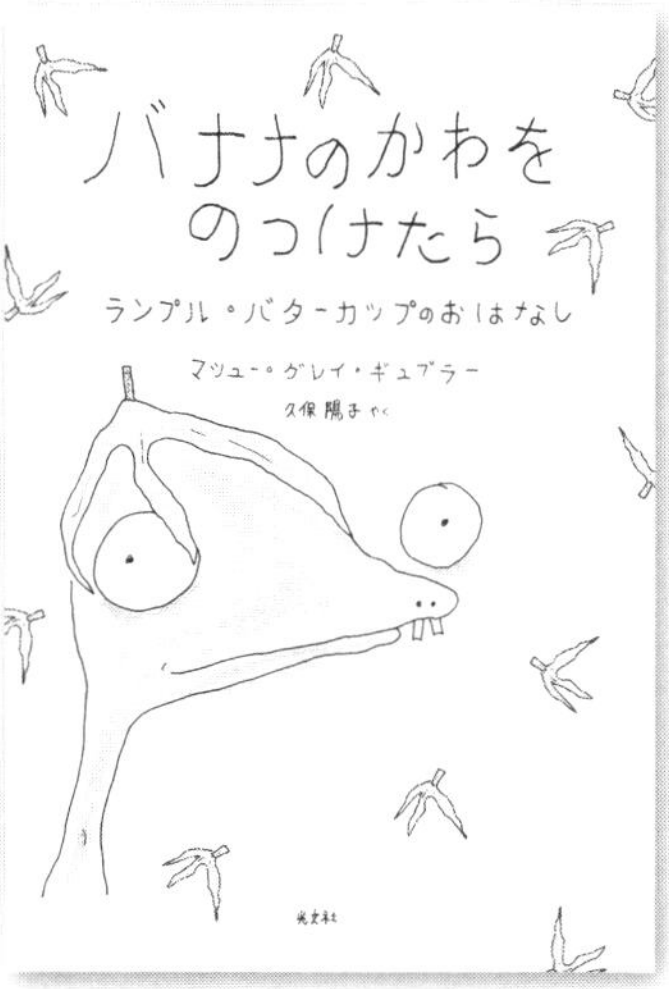

A5判変型・ハードカバー

「クリミナル・マインド」のドクター・リード役俳優が描く「自分らしさ」の物語

ランプル・バターカップはガタガタの歯が5本、かみの毛が3本、はだはみどり、そして左足は右足よりすこし大きかった。そんなちょっと変わったランプルは、キャンディコーン・カール（ランプルがおかしのくずでつくった架空のともだち）と一緒に、「自分らしさ」を見つける冒険に出る。子どもから大人にまで読んでほしい、心温まる名作絵本！

■好評既刊

イアン・レズリー 著　須川綾子 訳

子どもは40000回質問する

あなたの人生を創る「好奇心」の驚くべき力

「好奇心格差」が「経済格差」を生む！

「知ることへの意欲＝好奇心」は成功や健康に大きな影響を及ぼす。その好奇心を突き動かしつづけるのは実は「知識」であり、知識を得るには「労力」が必要だ。いっぽう、幼少期の環境に由来する「好奇心格差」は、深刻な経済格差に発展している。はたして、いま私たちが自分のために、そして子どもたちのためにできることとは？　人間に好奇心が必要な理由を、多彩な例を引きつつ解明する好著。

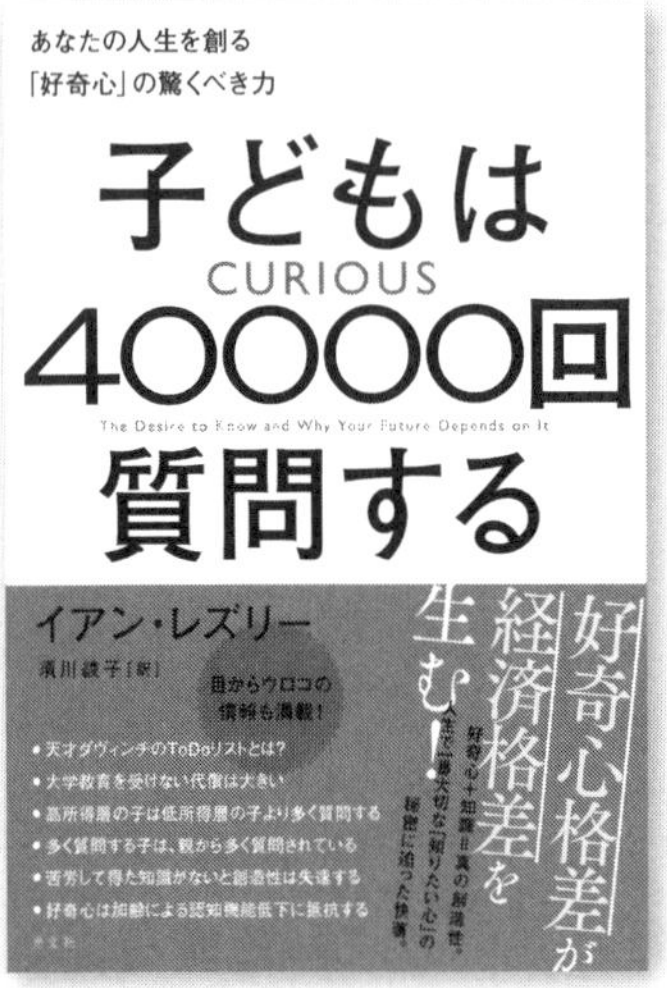

四六判・ソフトカバー